allô? parisienne!

알로? 빠리지엔!

허수영 쓰고 찍다

for book

{ Allo? Parisienne! }

004 { **Contents** }

gari

[hysope] owner

ozomuse

[ojo de papa] designer

005

envy

mom & writer

c'est finis

around 30's LUCKY DAYS & LIFE

around 30's
FRENCH CHIC STYLE

XOXO,

빠리지엔,
그들처럼 입어 보기

혹은

살아 보기

자체 발광하는 20대에는 무릎 나온 아베크롬비의 팬츠에 알렉산더왕 스타일 티셔츠 하나만 입어도 예뻤다. 아니, 그랬다고 기억한다. 거짓말처럼 그 시기가 지났다. 뭘 해도 어중간한 삼십대, 엄마와 여자 사이의 간극. 지금 나는 그런 시간을 서성거리고 있는 중이다. 삼십대라는 사실을 가장 확실히 실감케 하는 것이 있다. 특히 아이를 낳은 후, 패션을 대하는 나의 애티튜드는 확실히 달라졌다. 아담한 키의 나는 짧은 스커트와 원피스로 조금이라도 키가 커 보이게 연출하며 살아왔다. 그런데 일상의 대부분을 아이와 함께 보내야 하는 지금, 미니스커트나 미니 원피스는 가장 먼저 재활용 박스로 던져버려야 하는 아이템이 되었다. 나를 돋보이게 해주던 시간, 내가 사랑했던 아이템들과 과감히 작별해야 할 때가 온 것이다.

딱히 준비할 시간도 없이 덜컥 찾아온 현실 앞에서 자못 당황스러울 수밖에. 이렇게 변화된 일상, 변화된 나의 몸에 나만의 새로운 스타일을 찾기까지 짧지 않은 시간을 투자해야 했다. 엄마라는 이름 아래, 한동안은 '스타일? 그게 대체 무슨 소리야?' '밥숟가락만이라도 제대로 입에 넣을 수 있었으면 좋겠네' 같은 생각으로 지낸 적도 있었던 것 같다.

그렇게 엄마가 되었다.

의식주에서 가장 먼저 등장하는 것이 옷이지만 집안일에, 세끼 반찬 걱정에 결국은 늘 뒷전이 되어버린 것이 옷 입기였다. 그런데 레깅스에다 무릎까지 내려오는 헐렁한 핏의 파자마 같은 원피스만 입고 지내던 어느 날, 문득 이런 생각이 들었다. 과거로 돌아갈 수는 없지만 달라지고 싶다고. 그동안 엄마라는 이유로 내 모습을 너무 등한시한 채 살아왔다고. 유모차를 밀고 나갈 곳이 동네 마트뿐이라고 해도 그 짧은 순간만큼은 나의 스타일을 되찾고 싶다고. 그때 나에게 힌트를 준 것이 바로 통성명도 해보지 않은, 무명의 [프랑스 엄마들]이다. 아이를 낳은 후에도 되도록 빠른 시간 안에 몸매를 다잡고, 더 멋진 스타일을 찾아낸다는 프랑스 여자들. 스마트하고도 탄력적으로 삶을 꾸려가는 그들의 멋진 자세를 닮고 싶어졌다. 아이를 사랑하고, 가족을 사랑하는 것만큼이나 스스로를 아낄 줄 아는 그 감동적인(?) 마인드를!

이전의 스타일을 더 이상 즐기지 못하는 상황이거나, 나이와 몸매의 변화 때문에 러블리 하면서도 발랄한 스타일과 작별해야 할 때라고 느껴진다면 각기 다른 스타일과 개성을 찾아가는 나와 내 친구들처럼 프렌치 스타일의 세계를 즐겨보기를 권한다.

France, french, Parisienne
프랑스, 빠리 여자들

삼십대로 들어선 여자들이라면 요즘 인기 있는 뇌섹남, 그러니까 뇌가 섹시한 남자처럼 다른 세대의 여자들과는 조금 다른 취향과 나만의 색깔을 확실하고도 자신감 있게 표현해도 좋다고 생각한다. 이런 이유에서 프렌치 스타일은 30대에 더욱 잘 맞는다. 내가 생각하는 프렌치 스타일은 유행하는 몇몇 프랑스 브랜드의 스타일을 말하는 게 아니다. 오히려 아무런 정해진 틀이 없이 자신에게 어울리는 스타일을 찾아 입는 센스다. 프랑스 여자들은 대체적으로 자기가 어떤 사람인지를 잘 알고 있다. 사실 그들의 자기 인식은 부러울 정도로 똑 부러져서 남들이 어떻게 생각하건 상관하지 않을 정도다.

je ne sais quoi!

그들의 스타일이 말로 일일이 설명할 수 없이 좋은 까닭에는 부분적으로나마 이런 이유들이 큰 몫을 차지한다. 자기 스타일을 분명히 알고 있다는 것. 프랑스 여자들은 흠잡을 데 없는 사람이 되려고 지나치게 노력하거나, 다른 사람에게 어떻게 보일지를 고민하며 자신을 컨트롤하지 않는다. 정말 멋진 여자들이 아니고 뭔가. 자, 그럼 여기서 잠시, 나의 프렌치 스타일에 끊임없이 영감을 주는 아주 특별한 빠리지엔들을 소개하고 싶다.

Style muse
Jane Birkin

"옷을 고를 때 원하는 것을 찾지 못하면 결국 오래된 옷에 손이 가더라고요.
제 옷 중에는 30년도 더 된 옷도 많아요. 빈티지라고 생각해서 입는 건 아니에요.
때로는 아버지 바지나 남자친구의 재킷을 입기도 하죠.
원하는 옷, 자신감을 가지고 오래된 옷을 입을 때 행복해요."

– 제인 버킨

제인 버킨

프렌치 시크 아이콘이자 에르메스 버킨백의 뮤즈인 영국 태생의 버킨. 사실 그녀의 스타일은 그 어떤 프랑스 여자들보다 더 프렌치하다. 타고난 깡마른 몸매, 자연스럽게 흘러내리는 긴 머리카락. 꾸민 듯 혹은 꾸미지 않은 듯한 자연스러움까지! 그런 스타일은 그녀의 두 딸, 샤를로트 갱스부르와 루 드와이옹에게도 고스란히 옮겨졌다. 1984년 어느 날, 런던으로 가던 비행기에서 제인 버킨은 우연히 에르메스 회장 장 루이 뒤마를 만나게 된다. 그녀는 실수로 밀짚가방에 있던 내용물들을 옆자리의 중년 신사 쪽으로 쏟았는데 그 신사가 바로 장 루이 뒤마였던 것. 그는 당황하는 제인을 보면서 주머니가 달린 가방을 만들어주겠다고 약속한다. 그리고 한 달 후, 여자들의 위시 리스트 1순위인 버킨백이 탄생하게 되었다.

샤를로트 갱스부르

'무심한 프렌치 시크'의 핫 아이콘!

엄마인 제인 버킨의 명성을 잇는 배우 겸 뮤지션.

몸매는 엄마를, 얼굴은 엄마보다 아빠를 더 많이 닮은

샤를로트는 요즘, 프렌치 시크하면

가장 먼저 떠오르는 아이콘이다.

레드카펫에 설 때나 패션쇼에 참석할 때도

절대 메이크업을 진하게 하지 않고,

부스스하게 기른 머리카락 사이로 마른 손가락을 넣어

슬쩍 빗어 넘긴다. 발렌시아가의 플라워 프린트 드레스부터

올드한 핏의 리바이스 데님과 가죽 재킷까지

무엇이든 자신만의 스타일로 소화해 내는

본능적인 재능을 타고난 이가 바로 샤를로트 갱스부르다.

엄마인 제인 버킨의 시그니처 보헤미안 스타일에 영향 받은

아빠 세르주 갱스부르도 데님 벨 보텀 팬츠에

화이트 컬러의 레페토 재즈 슈즈를 교복처럼 즐겨 착용했다.

엠마누엘 알트

프렌치 시크를 선도하는 파리 [보그] 지 편집장.
"그녀는 가장 핸섬한 프랑스 여자다."
샤넬의 수장 칼 라거펠트는 엠마누엘 알트를 두고
이렇게 말했다. 멋 내지 않은 것처럼 꾸미는 것이
가장 어려운 일이라는 건 옷에 관심 있는 사람이라면
모두들 공감할 것 같다. 보그 편집장이 되기 전에도
발망의 스타일리스트이자 뮤즈로 전 세계 여성들을
'록시크(Rock Chic)' 스타일에 중독되게 만든 장본인이다.
벨트로 허리를 졸라맨 아우터, 티셔츠, 스키니 팬츠,
하이힐의 심플하고 꾸미지 않은 듯한, 그러나 꼼꼼히
따져보면 잘 계산된 스타일링을 보여주는 그녀.
화이트&블랙 그리고 모노톤이 한결같다.
별명이 '퀸 오브 쿨(Queen of Cool)'일 정도로
시크하고 자연스러운 룩을 즐긴다.
여자의 자존심이라는 가방도 들지 않고
헝클어진 머리로 거리를 활보한다.

"이름 있는 트렌디한 디자이너들의 라벨은
생각하지 마세요. 청바지, 스웨터 또는
당신에게 꼭 맞는 재킷 안의 티셔츠 한 장.
모든 게 그저 딱 맞게 애쓰지 않은 듯 보일 때
가장 매력적이니까요."
-엠마누엘 알트

"나의 부모님, 제인 버킨과 세르주 갱스부르는 나에게 이런 아이디어를 주셨어요.
'너에게 잘 맞고, 입었을 때 편안함을 느낄 수 있는 너만의 유니폼 같은 옷을 찾아라.
한번 그런 옷을 찾게 되면 몇 년 동안이고 그 옷만 입게 될 것이다'라고요." **- 샤를로트 갱스부르**

von voyage, paris

나의 빠리, 내 아이의 빠리

별스러운 엄마에게서 태어난 내 딸 기우는 아장거리기 시작할 때부터 벌써 빠리를 엿보기 시작했었지.

엄마가 왜 그러는지, 엄마가 왜 자꾸 길 떠나고 싶어 하는지를 내 딸, 나의 아이에게도 보여주고 싶었다.

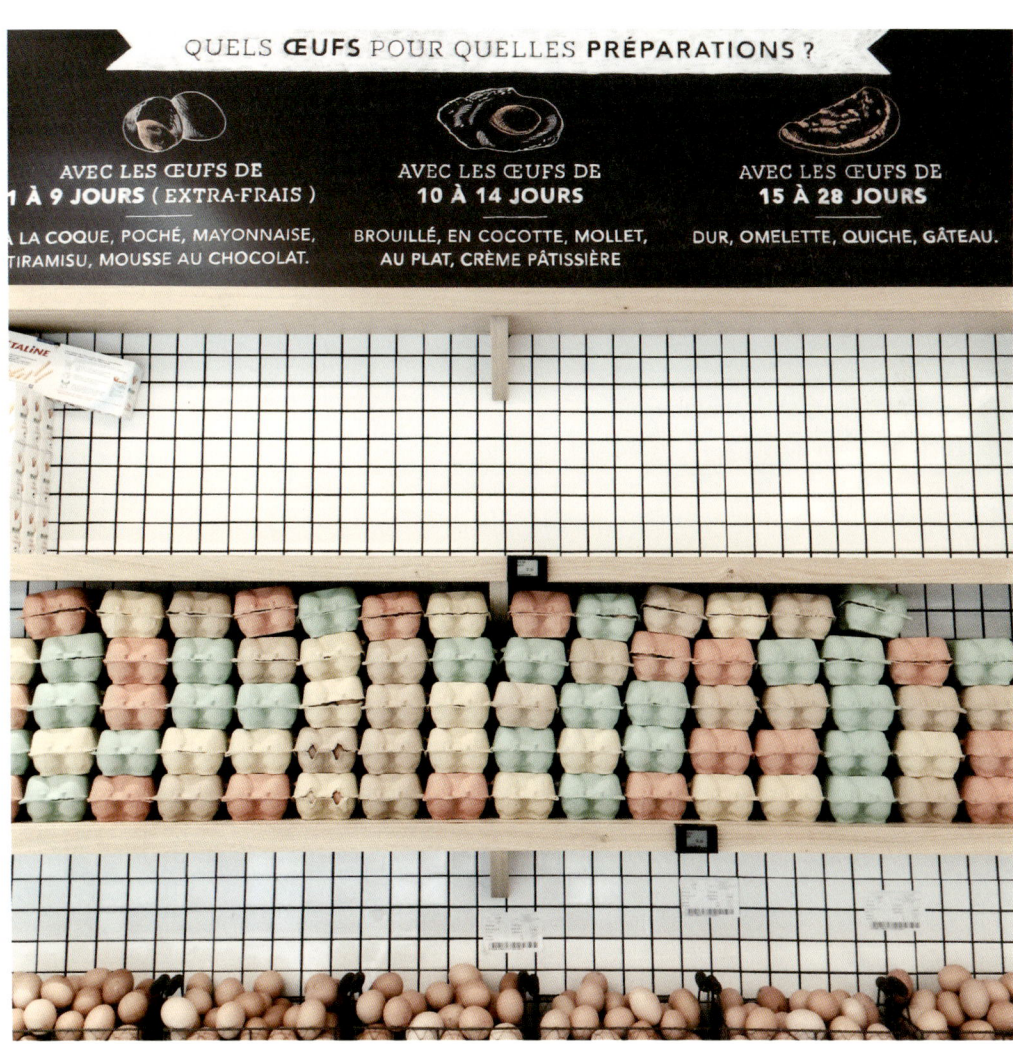

나의 스무 살 첫 여행은 샤를드골공항에서 시작되었다. 아마 열두 살이거나 열세 살 즈음이었을 텐데 학교가 끝나고 집으로 오는 길목에 있던, 동네 이름을 딴 작은 책방. 그 책방에서 내 돈을 주고 산 첫 책의 제목이 '스무 살의 배낭여행'이었다. 그때부터 나는 스무 살이 되면 반드시 유럽으로 배낭여행을 떠나야지, 마음먹고는 손꼽아 스무 살이 되기만을 기다렸었다.

대학교 입학하고 첫 여름방학, 그 소원이 현실이 되었다. 마침 빠리 남쪽 근교 부흘라헨bourg-la-reine에 살고 있던 고모 집의 방이 비어서 빠리로 떠난 첫 배낭여행은, 같이 동행했던 친구의 전공까지 불어불문학과로 바꿔놓았을 만큼 강렬한 경험이었다. 그래서였을까. 여섯 살 기우와 함께 가기로 한 빠리 여행이 묘한 긴장감과 설렘이 뒤섞인, 엄마가 해줄 수 있는 선물 같은 여행이었던 것도.

몇몇은 여섯 살 아이가 뭘 알겠느냐고 했고, 나중에 크면 하나도 기억하지 못할 거라고도 했고, 나도 그 생각에 완전 반대하는 입장은 아니었다. 하지만 생애 가장 순수하고 투명한 때에 엄마인 나보다 14년이나 일찍 경험하게 되는 빠리는 기우에게 또 어떤 느낌일까 너무 궁금했다. 비행기를 타고 오가는 시간만 28시간이나 되었지만, 생후 17개월에 이미 LA로 가는 공항에서 첫 걸음마를 뗀 기우였다. 그 이후로도 여러 번 엄마 아빠를 따라다니느라 비행기에는 익숙한 기우여서 크게 걱정되는 일은 없었다. 여행 가기 전날, 수족구 바이러스에 노출되었는지도 모르고 여행 초반, 아파서 잘 먹지 못하는 아이에게 프랑스 음식이 입에 맞지 않는 거냐고 뭐라 했던 것 빼고는 아주 괜찮은 첫 경험이었다.

다행히 평소에도 바게트를 썰지 않고 통째로 우적우적 먹는 걸 좋아하는 아이라 목구멍이 따가운 것도 참고 여행 내내 바게트를 잘 먹어주었던 게 참 다행이었다. 물론 만난 지 7년에다 결혼한 지 7년 동안, 여행을 다닐 때는 늘 현지인처럼 현지 음식만 먹어야 한다는 우리 커플의 여행 원칙에도 살짝 수정이 불가피하게 되었지만! 어쨌든 영화로, 다큐로, 또는 여행 프로그램을 통해서 자주 봐왔던 풍경인데도 첫날 마레 지구에 도착해 호텔 창문을 열어봤을 때 눈에 들어온 풍경은 정말 이게 현실인지 믿기 어려운 느낌이었다. 빠리의 마레 골목에 여섯 살 딸아이와 함께 와 있다니! 일일이 다 가본 것은 아니었지만, 컬러며 형태며 크기며 하나같이 아름다운 빠리의 문짝들에게 벌써 홀딱 반해 버렸었다. 그 기억, 다시 그때의 소소하지만 넘치듯 충만했던 기쁨들을 이 책을 만들면서 다시 꺼내보려고 한다.

　　　　그래, 빠리는 언제나 꿈 같다.

빠리의 골목, 그어디쯤을
조용조용 탐험하는 일은
생각만으로도 심장이 뛴다.
하물며 그 길 위에 나와
내 아이가 서 있다면!
거리도, 상점도, 자동차도,
혹은 오가는 사람마저도
그림이 되는 곳. 여기, 빠리.

023

빠리 그리고 뮤지엄

남편과 둘이 떠나거나, 혹은 친구들과 함께 손에 손잡고 찾아갔던 오랜 과거 속의 빠리는 언제나 뮤지엄과 쇼핑 그리고 식도락이 가장 주된 레퍼토리였다. 그것들은 마치 샐러드 소스에 들어가는 발사믹 식초와 올리브 오일, 설탕의 비율만큼이나 적절하게 잘 어우러져서 여행의 맛을 제대로 느끼게 해주었다. 하지만 여섯 살 기우와의 빠리는 뮤지엄과 장난감 가게, 그 사이사이의 간식. 이 똑같은 공식이 비빔밥처럼 뒤섞여 무엇이 주인지 약간 혼란스러운 느낌이었다. 1년에 단 한 번, 길게 시간 내어 갈 수 있는 휴가인데 총 휴가 기간의 1/6 정도를 비행 시간에 양보해야 했고, 어른들과는 달리 시차부적응 증세가 나타나면 오후 두시쯤 서둘러 저녁(?)을 먹고는 다음 날까지 내처 잠들어버리는 여섯 살 꼬마와 함께여서 하루의 시작은 늘 뮤지엄에서 열어야 했다.

　　　퐁피두센터, 오르세 미술관, 오랑주리 미술관, 루브르 미술관….

그곳들을 중심으로 일정을 짜도 벌써 하루 계획의 절반 이상이 채워졌으니 나머지 시간들은 동네에서 그냥 노닥노닥. 유치원에서 가장 먼저 접한 아티스트가 고흐여서인지, 무조건 고흐가 좋다던 기우는 고흐도, 드가도, 레오나르도 다빈치의 그림도 직접 눈으로 본 것이 매우 신기했던 것 같았다. 루브르에서 가장 많은 관람객들이 모여드는 모나리자 앞쪽은 기우 눈높이에서 보기에는 턱없이 멀고 높았는데, 어른 관람객들에게 양해를 구

하고 기우를 제일 앞에 세워
준 루브르의 갤러리 아저씨
는 정말 훈남이었다. 하지만,
기우에게는 그 무엇보다 예
술품 같은 빠리의 거리가 가
장 인상적이었나 보다. 마레
지구에 숙소를 잡은 덕에 거
의 매일 지나친 퐁피두센터
에 처음 들렀던 날, 아트 숍
에서 산 노트에 "이게 빠리의
집이야" 하면서 식사하는 내
내 색연필을 손에서 놓지 않
았었다.

　　고등학교 때 영어를 가르쳐주셨던 선생님이 지금은, 내 엄마의 영어 선생님이시다.

그런데 알고 보니 선생님은 예술에 아주 조예가 깊은 분이셨다. 지금도 1년에 한두 번은 런던으로 뮤지컬을, 빠리는 뮤지엄을 보기 위해 떠난다는 선생님에게는 세 명의 딸이 있다고 한다. 그런데 막내가 24개월이 채 되기 전부터 세 명의 아이들을 업고 안고, 해마다 가을 시험 기간이면 빠리로, 브뤼셀로, 런던으로 떠나셨단다. 외국 사람들은 돌도 안 된 아기에게 아빠가 까치발을 해서라도 모나리자를 보여주고, 들라크루아를 보여주러 루브르에 온다는, 선생님의 이야기에 자극을 받아서 나도 결심했었다. 아이가 생기면 다른 건 몰라도 경험의 기회를 한껏 제공하고 싶다는 욕심. 이런 생각이 나로 하여금 빠리행 티켓을 끊게 했다. 선생님의 세 명의 딸은 모두 음악, 미술과 같은 예술을 전공 중이다. 그중 선생님의 조기 교육이 가장 잘 들어맞았다고 표현하는 둘째는 뉴욕에서 랙 앤 본 디자이너로 일하고 있다. 무엇을 보고 느끼며 자랐는가 하는 것이 인생에 미치는 영향에 대해 생각하지 않을 수 없는 이유, 여기에서 또 한 번 찾는다.

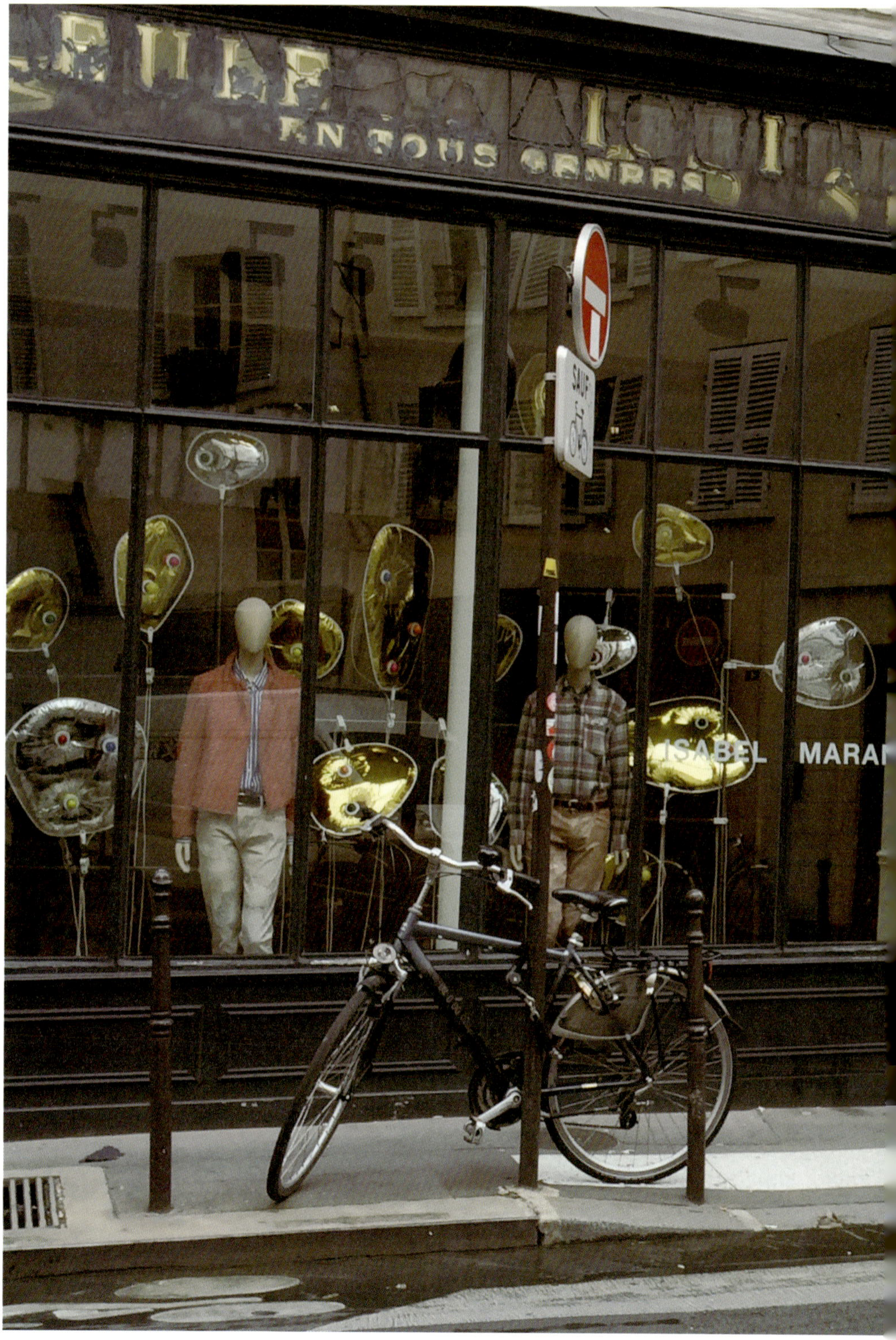
EN TOUS GENRES
SAUF
ISABEL MARA

"엄마, 그러지 말고 같이 좀 가지!"　　　"딸아, 빠리는 혼자 걸어야 제맛이거든!"

여기 빠리의 숍, 내가 보는 풍경을 내 아이도 보았으면, 내가 느끼는 작은 감동을 아이도 함께 느꼈으면!

030

"돌돌 말려 있는 저 색감들 좀 봐! 엄마는 저 찬란한 자유로움이 숨막힐 것처럼 마음에 담긴다니깨!"

빠리와 에펠탑

처음 봤을 때만큼의 감동은 아니다. 에펠탑 말이다. 그래도 역시나 기우는 빠리에서 에펠탑이 가장 감동적이었다고 했다. 모 핸드폰 광고의 배경으로 나오기도 했던 샤이오 궁. 거기에서 바라본 에펠탑을 그냥 '보러' 갔던 건데 기우에게는 그곳의 분수, 그곳의 잔디, 그 모든 것이 전부 다 인상적이었나 보다. 빠리 여행 중 에펠탑 근처에서 두 시간을 넘게 앉았다가 뛰었다가 바라봤다가 한 건 이번이 처음이었다.

그, 에펠탑.

나중에 서울로 돌아와서도 매일 그려대던 에펠탑 사랑은, 여기저기 낙서로 그림으로, 수채화로 연필로, 크레용으로 남아 있다. 아마 이것 하나만큼은 묻지 않아도, 굳이 말로 표현하지 않아도 알 것 같다. 기우에게 빠리의 에펠탑이 얼마나 큰 느낌이었는지.

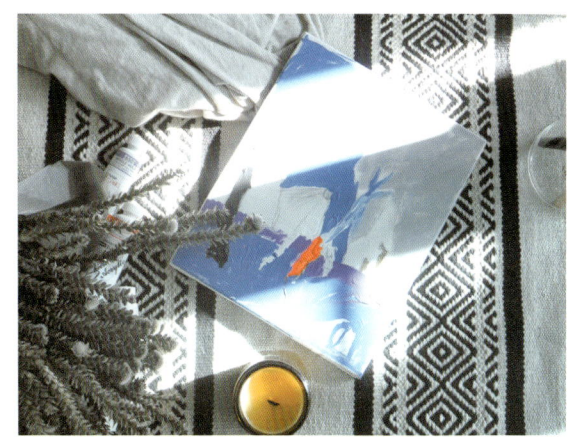

"내 머리 주머니가 마음대로 그렸어.
내 손이 마음대로 이렇게 그린 거야."
　　　　　　　　　　　　　　　-기우

이제 일곱 살이 된 기우를 볼 수 있는 게 좋다.
일곱 살의 기우가 유치원 버스에서 내려 깡총, 뛰면서
달려와 안기는 것도 좋다.
일곱 살의 기우가 시소를 타며
엄마가 그 자리에 잘 있는지 확인하면서
눈을 찡긋거리는 것도 좋다.

그리고
빠리를 사랑하는
나의 세 친구 이야기

무엇을 입을 것인가, 어떤 스타일을 만들 것인가 그리고 어떤 모습으로 살아갈 것인가. 나는 언제나 이런 생각에 빠져 있다. 누군가에게는 옷이 아무것도 아닐 수 있지만 나에게는 매우 중요한 숙제. 누군가에게는 스타일 같은 게 하나 중요하지 않을 수도 있지만 나는 다르다. 그게 나다. 내가 매일 입는 옷이 곧 오늘을 사는 나의 모습이라고 생각하니까.

취향이 같은 사람들을 만나면 행복하다.

나와 같은 생각을 하고, 나와 같은 곳을 바라보며 내가 사랑하는 아이템들을 함께 사랑해 줄 수 있는 사람들과 이야기하는 시간이 즐겁다. 빠리에 미쳐서 빠리지엔처럼 사는 일을 즐거워하는 나에게는 같은 취향을 가진, 친구들이 있다. 살아가는 길목에서 우연히 만나 친구가 되었다. 그래서 우리는 늘 비슷한 옷을 입고, 비슷한 색깔의 꿈을 꾸며 또 그렇게 산다. 나와 그들의 이야기를 한 권의 책으로 묶기로 했으니 지금부터 시작이다. 결혼을 하고, 아이를 키우면서도 여전히 나만의 스타일을 잃지 않기 위해 애쓰고 있는 우리들. 그런 우리와 생각이 닮은 사람들을 책 속으로 초대하고 싶다. 엄마로 살지만, 엄마로서의 삶이 전부는 아니라고 생각하는 그런 여자들과 함께 한 걸음, 한 걸음씩 빠리를 향한 여행을 시작해보는 거다.

[2015년 늦은 가을, 허수영 씀]

mogi

[callit] director

age : 36

mom of : 7 years old girl & 4 years old boy

height : 160cm

favorite city : firenze

daily uniform : beige knit, oversized cotton jacket,

black coated jean, gauze dress

fashion favorites : 2010 isabel marant, linen bracelet,

jerome dreyfuss bag, big sized clutch

kids brand & shop : April showers by polder,

caramel baby&child, noro

ultimate muse : emmanuelle alt

call it

I love to design baby clothes.
I have adorable baby who looks just like me

요리사가 가장 신선한 제철 재료로 한 접시의 요리를 만들 듯 계절에 어울리는 소재와 컬러로, 유행을 많이 타지 않는 아이템으로, 한 벌의 의상을 완성하는 쾌감이라니! 나는 24시간, 옷만 생각한다. 적은 가짓수로 지루하지 않은 스타일 만들기에 열중한다. 하면 할수록 아이디어가 늘고 재미가 난다. 마치 교복처럼, 몇 가지 기본 아이템들만 갖추면 썩 어렵지 않게 프렌치 시크에 도전해 볼 수 있다는 사실을 꼭 말해 주고 싶다. 화이트 블라우스, 블랙 컬러 코티드 진, 거즈 셔츠와 롱 드레스, 베이지 컬러 니트, 블랙 컬러 코튼 재킷, 리넨 롱 코트 같은 아이템들만으로도 얼마든지 자신만의 스타일을 만들어 낼 수 있으니까.

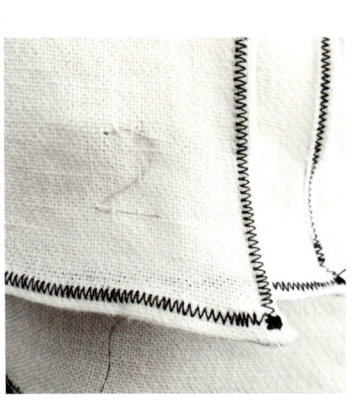

loose and boxy
boyfriend fit

프렌치 시크를 위한
기본 아이템+@

삼십대의 여자에게 가장 큰 무기는 바로 분위기! 이십대에는 생각지도 못했고, 있는 줄도 몰랐던 분위기가 삼십대 여자에게는 가장 큰 무기다. 적어도 내 생각에는 그렇다. 사실 나만의 것을 찾아야 한다는 말은 쉽지만, 아쉽게도 스타일은 하루아침에 완성되는 게 아니다. 베이식 아이템으로 승부하는 프렌치 스타일을 좋아한다면 조금 더 어려울 수도 있겠다. 친구가 입은 게 예쁘다고 같은 패턴의 블라우스를 사들이던 이십대와는 다르다. 똑같은 화이트 셔츠를 입어도 나에게 어울리게 연출할 수 있는 성숙함이 필요한 나이이기 때문일지도 모른다. 서른 넘어의 나이라는 게 그렇다.

친구와 함께 오픈한 엄마와 아이 옷 사이트 [컬잇]. 여기에는 늘 두어 가지 아이템만 달랑 걸려 있다. 사라는 거야? 구경하라는 거야? 그럴 수도 있겠지만… 대중적인 스타일을 폭풍 방출하기보다는 나만의 스타일을 찾고 싶은 여자들을 더 귀하게 여기고 싶은 마음 때문일 거다. 나는 늘 그렇게, 스타일이 통하고 자기만의 분위기를 만들어 낼 줄 아는 여자친구들에게 매일 반한다.

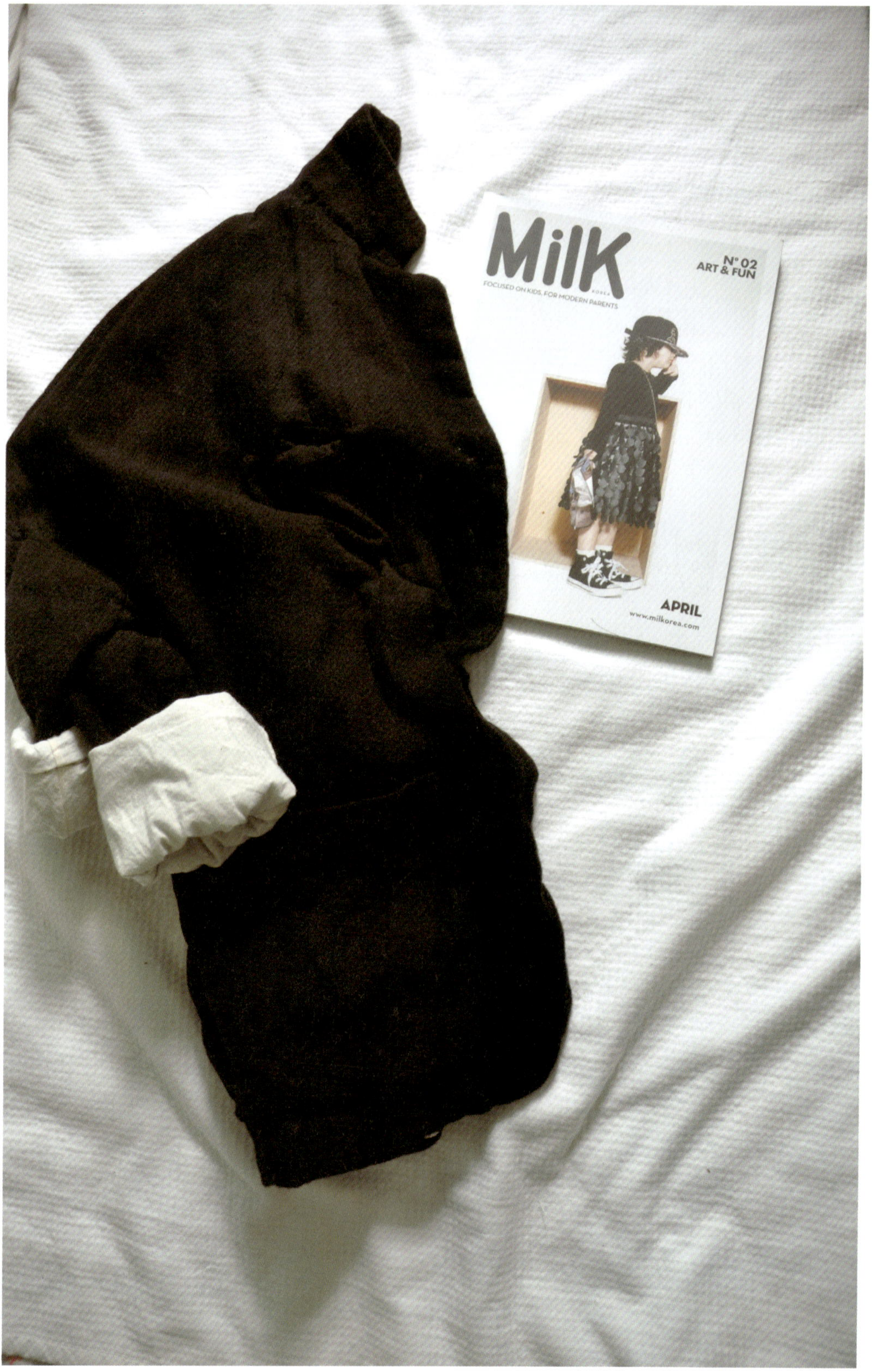
MilK
KOREA
N° 02
ART & FUN
FOCUSED ON KIDS, FOR MODERN PARENTS
APRIL
www.milkorea.com

BLACK

COTTON

JACKET

블랙 코튼 재킷은 여행을 할 때도 꼭 챙겨가는 옷이다.

갑자기 쌀쌀해지는 저녁 공기에도,

가랑비를 만나는 오후에도,

그리고 무엇보다 결정적으로

여행자처럼 보이지 않게 하는 잇 재킷이다.

서울보다 11℃ 정도 낮았던 8월의 파리에서도

이상 기온으로 폭염이 이어지던 7월의 밀라노에서도

늘 함께했던 나의 단짝 친구!

매일 입는 일상의 옷이라고 해도 과언이 아닐 만큼,

그래서 나의 트레이드마크가 되었을 만큼,

아껴가면서 입고 있는 이 블랙 재킷은

소매를 척척 걷어 올렸을 때 짠, 하고 등장하는

광목 안감 덕분에 더욱 매력적이다.

몇 해 전, 앰앤제이스토리에서 득템한

내 옷장 속의 보물단지다.

A COZY LINEN COAT

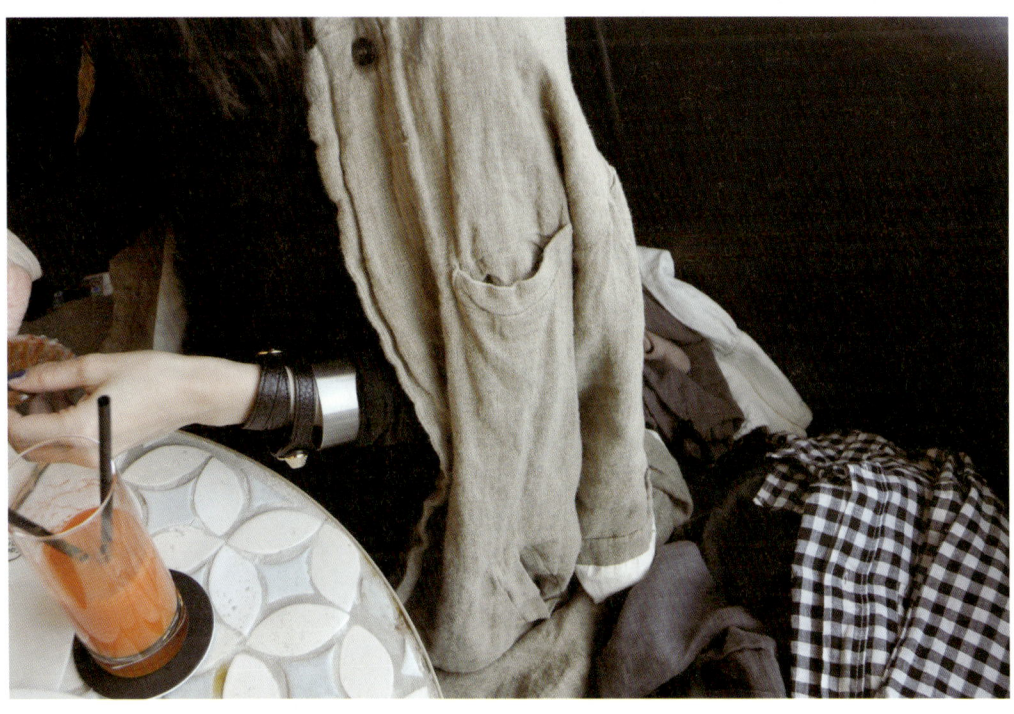

리넨 코트 혹은 재킷

리넨이라는 소재에 눈을 뜬 것은 불과 2~3년밖에 되지 않았다. 그런데 그 매력을 알게 되고부터는 리넨이라면 무조건 사들이게 되었다. 원단 시장을 돌다가 비슷비슷해 보이는 원단들 사이에서 정말 마음에 꼭 드는 리넨을 만나게 되었을 때의 감동은, 그런 순간에 함께 감동을 느낄 수 있는 친구가 있으면 더 큰 시너지를 발휘한다. 그중에서도 자랑할 만한 최고는 지금도 옷장 한켠에서 그 아우라를 뿜어내고 있는 리넨 코트. 거친 조직 감에다 가공되지 않은 생마의 컬러 그대로를 가진 이 원단을 발견했을 때 무조건 뭔가 만들어 입어야겠다, 했다.

리넨.

그중에서도 실크 같은 촉감의 부드럽고 촉촉한 소재로 만들어진 옷들을 예전부터 참 많이 보았다. 그 실크 같은 느낌이 왠지 올드하게 느껴져서 리넨 셔츠, 리넨 원피스라고 하면 아빠나 엄마가 입는 옷처럼 치부해 버리기도 했었다. 그러던 내가 지금 엄마가 되어서 리넨에 대한 태도가 바뀐 건지, 아니면 리넨이 그때보다 진화한 것인지는 잘 모르겠지만 거친 조직 감과 특유의 컬러를 그대로 살려 낸 리넨 재킷은 그 하나만으로도 퍼펙트한 존재감을 나타낸다.

그래서 리넨 하면 살짝 노란색이 도는 베이지 컬러의 내추럴 컬러가 제일 좋다. 프랑스 여자들이 자신만이 가진 고유의 매력을 스스로 알고 그 자체만으로도 빛이 나듯이 화장기 없는 수수한 여자 같은 베이지 컬러야말로 리넨이 가진 매력을 제일 잘 보여주는 것이리라. 그래서 리넨 재킷을 입는 날이면 아이라인을 살짝 더 번지게 연하게 그려도, 깜빡 잊고 립밤 바르는 걸 잊어도 그 자체만으로도 썩 괜찮은 느낌이다.

내가 입어서 좋은 옷을 아이들에게도 입힌다. 나를 빛나게 하는 옷,
그것들은 내 아이도 빛나게 하니깨! 리넨 소재의 재킷은 아이들이
입기에도 안성맞춤이다. 구겨지면 구겨진 대로, 오히려 자연스럽다.
재킷은 모두 앰앤제이스토리 제품이다.

A LITTLE LINEN COAT

리넨 중에서도 가장 내추럴한 생지로 만든

꼬마들을 위한 리넨 코트. 안감이 보이도록

소매는 꼭 두 번, 돌돌 말아 올려야 하는데

아이 옷 역시 안감은 늘 광목을 고집한다.

엄마와 아이의 커플 룩은 꽤 오래전부터

유행이었지만, 장담하건대 지금까지 이런

스타일은 그 어디에도 없었다. 확실하다.

+ LINEN BIG BAG BY MERCI

에코백이라고 불리는 코튼 소재의 백이 트렌디한 아이템 중 하나로 옷장 속을 가득 채우게 된 지가 벌써 몇 해는 된 것 같다. 요즘엔 장바구니 하나도, 기저귀 가방 하나도, 어디 마트에서 사은품으로 받은 것이 아닌 스토리가 있고 디자인이 예쁘고 소재가 멋스러운 백들이 대세다. 3년 전, 같이 일하던 동생이 빠리에 들렀다가 처음 사다 준 아이템이 있다.

메르시의 리넨 백.

지금은 흔한 물건이 되었지만, 처음 그 리넨 백의 컬러며 사이즈며 스타일은 정말이지 신선했다. 그래서 나는 매일매일, 마치 여행을 떠나는 것처럼 정리가 잘 안 되는 각종 잡동사니들을 자루 스타일의 그 가방 속에 넣어 들고 다니기 시작했다. 막 샘플링한 옷이며, 원단이며, 카메라까지 그득하게 넣어가지고 다니던 그때, 이 가방은 다른 어떤 명품보다 나에 겐 더없이 소중한 보물이었다. 그때부터 런던이며 빠리 출장길에 오를 때면 컬러별로 하나씩 사 모으기 시작했는데, 지금도 이 내추럴한 리넨 컬러의 백들은 내 가슴을 뛰게 만드는 아이템이다.

WHITE AND WHITE

화이트 컬러로 된 패션 아이템들은 사실, 때가 탈까 두려워하면서도 이상하리만치 손이 자주 가는 아이템이다. 나도 화이트 셔츠와 팬츠, 드레스 등을 즐겨 입는다.

더블 거즈의 화이트 블라우스.

이 녀석은 하나만 입어도 드레스 업 되는 느낌이다. 같은 화이트 블라우스도 디테일에 따라 다르다. 아일릿이나 레이스가 들어간 여성스러운 패턴에 소매가 벌룬 스타일이라거나, 태슬 장식이 달렸다거나, 앞에서 보면 심플한 것 같은데 뒤쪽에 주름이 크게 잡혀 있다거나, 같은 화이트 블라우스라고 해도 거즈 소재 아이템이거나 하는 식으로 작은 디테일 하나의 차이로도 얼마든지 나만의 스타일을 만들어낼 수 있다. 무엇보다 매일 입어도 질리지 않고, 다른 옷을 입은 것 같은 느낌을 즐기기에는 화이트 셔츠를 따라올 아이템이 없다.

프렌치 자수와 더블 거즈가 만났다.
매혹적이다. 블랙 컬러의
태슬 롱 네크리스를 곁들여본다.
기분 좋게 시크하다.
이렇게 하나씩 시도해 보는 기쁨.
내가 말하는 옷 입기의 즐거움은 이런 거다.

GAUZE &

GAUZE LONG DRESS

거즈 소재는 아이를 낳고 처음 접하게 되었다. 물론, 내가 아기였던 시절부터 기저귀나 손수건으로 매일매일 익숙하게 썼던, 스테디한 소재였음이 틀림없겠지만 한창 옷을 좋아하던 20대에는 알지 못했던 게 바로 거즈로 만든 옷이다. 막 세탁한 빨래 냄새가 폴폴 나는 보드라운 더블 거즈로 된 셔츠를 입은 내 꼬마를 안으면 어릴 때 늘 안고 자던 곰 인형이 생각난다. 모성애를 자극하는 이 부드럽고 아기 같은 거즈 소재는 어른 옷에는 잘 쓰지 않았지만, 가장 남성적인 아이템이라고 할 수 있는 셔츠를 거즈로 만들었더니 소재와 디자인의 반대적인 매치가 서로 만나 아주 매력적인 아이템이 되었다. 일반적인 셔츠가 지닌 샤프함을 아기 같은 거즈가 감싸 안아주는 느낌이 좋다. 봄부터 이른 여름까지는 거즈 셔츠 한 장에 쇼트 팬츠가 데일리 아이템 중에 가장 편하고 즐겨 입는 룩이다. 그런데 그렇게 늘 입는 셔츠가 조금 더 더, 길어지면 어떨까, 싶은 생각이 들었다. 그래서 과감하게 원피스로 만들어 보았다.

거즈 롱 원피스.

에크루 컬러의 더블 거즈 롱 원피스는 파자마를 입은 듯 부스스한 느낌이 내추럴 그 자체다. 사실 거즈 소재는 쉬워 보이지만, 생각보다 원단 자체의 가격도 싸지 않고, 요즘의 더블 거즈들은 리넨만큼이나 비싼 것들도 꽤 많다. 소재 자체의 고유한 특성 때문에 세탁기에 몇 번 돌리고 나면 니트처럼 보풀이 올라오기도 하는데 사실 그렇게 세탁된 거즈는 빈티지한 느낌이 들어서 더 좋다. 내가 아는 디자이너는 일부러 새 옷을 몇 번씩 세탁기에 돌려서 입기도 한다고 했을 정도로!

거즈 드레스를 프랑스 여자들도 즐겨 입는지는 잘 모르겠다. 유독 바캉스를 즐기는 프랑스의 여름, 평소에는 시크한 차림을 즐기던 엄마들도 아일렛 자수가 군데군데 들어간 블라우스나 화이트 컬러의 롱스커트에 섹시한 스트랩의 플랫 샌들을 많이들 신고 있는 것은 보았지만! 아직 거즈 롱 드레스의 매력을 모른다면 프랑스 엄마들에게도 알려주고 싶다. 한 번 입으면 절대 벗을 수 없을 거라고!

BEIGE KNIT

평소 옷장 정리를 잘 하는 편이 아니다. 그래서 가끔씩은 늘 입던 옷, 그러니까 옷장 안으로 들어갈 틈도 없이 옷장 옆 수납함 위에 월, 화, 수, 목… 마치 파이처럼 레이어드 되어 있는 옷이 아닌 다른 옷을 입어 볼까 하고 옷장을 연다. 옷장 안에는 엇비슷한 컬러의 니트들이 담겨 있다.

"그거 집에 있잖아."

사실 남편은 그런 말을 자주 한다. 정답이다. 연한 베이지, 짙은 베이지, 샌드 베이지, 화이트 베이지, 그레이가 살짝 섞인 베이지. 하하하하! 내가 그렇다. 어쨌든 옷을 고를 때 혹은 옷을 만들 때에도 1순위, 혹은 2순위에 꼭 선정되는 베이지 컬러. H&M으로 대표되는 패스트 패션을 즐겨 입던 이십대가 지나고도 바뀌지 않는 취향이 있다.

베이지 컬러 니트.

나는 다른 옷들에 비해 1.5배 정도 혹은 그 이상 비싸다고 해도 소재와 조직감이 마음에 들면 일단 사게 된다. 물론 베이지 톤 니트에 대한 이런 충성심은 보답도 훌륭하다. 몇 년이 지나도 싫증나지 않는 데다 블랙, 그레이, 화이트를 부드럽고 고급스럽게 만들어준다. 그래서 내 옷장 속 베이지 컬러의 니트는 겨울부터 초여름이 오기 직전까지, 그리고 다시 가을이 오기 시작하면 가장 먼저 손이 가는 아이템이다. 특히 입고 싶어도 살짝 고민하게 되는 플로럴 패턴의 원피스나 스커트에 베이지 니트를 매치하면, 그 과한 소녀스러움이 마이너스 되면서 살짝 우아한 느낌까지 들어 입는 나도, 보는 사람도 조금은 덜 부담스럽다고나 할까.

그러고 보니 가장 최근에 구입한 옷도 연한 베이지 컬러의 소매통이 넓은 니트였다. 교복처럼 입고 다니는 블랙 코티드 진에 베이지 니트, 그리고 리넨과 리버티 패브릭이 섞인 팔찌. 이렇게 입고 나가는 날엔 약속 시간에 늦는 법도 없고, 길에서 우연히 누구랑 마주쳐도 부끄럽지 않다.

특히나 꽃을 사기 위해 집을 나서는 날에는 주저 없이 베이지 톤의 옷들을 고르게 되는 편이다. 화려한 바이올렛, 피치 핑크, 골든 옐로 컬러의 꽃다발과도 가장 잘 어울리는 옷이 내추럴 베이지 니트이기 때문이다.

BLACK COATED JEAN

단언컨대 블랙 코티드 진과 사랑에 빠진 것은 프랑스 보그 편집장 엠마누엘 알트의 영향이 100%였다.

알트 언니는 프랑스 여자들 중에서도 평균 이상의 패션 지능을 가진, 너무나도 프렌치 시크한 여자다. 그런 언니의 패션은 항상 지나치지 않은, 언제나 다른 소재의 블랙 컬러들로 그녀의 길고 슬림한 몸매를 돋보이게 해주는 심플한 룩을 추구하는 데 그중 가장 자주 입는 일상의 아이템이 블랙 컬러의 진이다. 리얼 가죽으로 된 팬츠도 즐겨 입지만, 현실적으로 리얼 가죽 진을 소유하기란 쉽지 않은 일. 그래서 블랙 코티드 진이 그 자리를 대신 차지하고 앉았다.

사실 엄마가 되기 전에는 바지를 즐겨 입진 않았다. 평균보다 큰 키도 아니고, 비율이 우월한 것도 아니라서 어울리는 팬츠를 찾기가 어려웠기 때문이다. 그런데 블랙 코티드 진은 일반 블랙 진과는 다르게 입으면, 실제보다 슬림해 보이고 어딘지 모르게 에지 있어 보이면서 무엇보다 루스한 상의들을 정리해 주는 멋이 있다. 미모가 뛰어나다면 화이트 컬러의 티셔츠 한 장으로도 충분하겠지만, 결코 그렇지는 않기 때문에 대책이 필요하다. 살짝 루스하게 떨어지는 리넨 티셔츠나 워싱 거즈 셔츠에 세팅되지 않은, 펌이 반쯤 풀린 듯 늘어져 내린 웨이브에 그냥 질끈 묶어 올린 머리와도 블랙 코티드 진은 썩 잘 어울린다. 그래서 더! 더! 사랑하는 아이템이다. 빠리지엔들이 블랙 컬러의 가죽 재킷을 즐겨 입는 것처럼 말이다. 조금 무거운 가죽 재킷이 부담스러울 때, 실제보다 조금 더 날씬해 보이고 싶을 때를 위하여 추천한다. 블랙 코티드 진, 이 드라마틱한 아이템을! 나도 이 팬츠에 7㎝ 힐의 부츠를 신는 날이면, 만나는 사람 모두에게서 '말라 보인다'는 이야기를 꼭 듣게 되곤 하니까!

+7cm BLACK BOOTS

너무 높은 하이힐은 보기만 해도 무섭다. 그것이 아이와 함께
라면 더욱더. 세상에서 가장 안정감 있어 보이면서 편하고 예
뻐 보이는 굽의 길이는 7㎝. 발목을 감싸는 검정 앵클부츠는
블랙 코티드 진뿐 아니라 화이트 거즈 드레스에도 제대로 매치
되는 환상의 짝꿍이다.

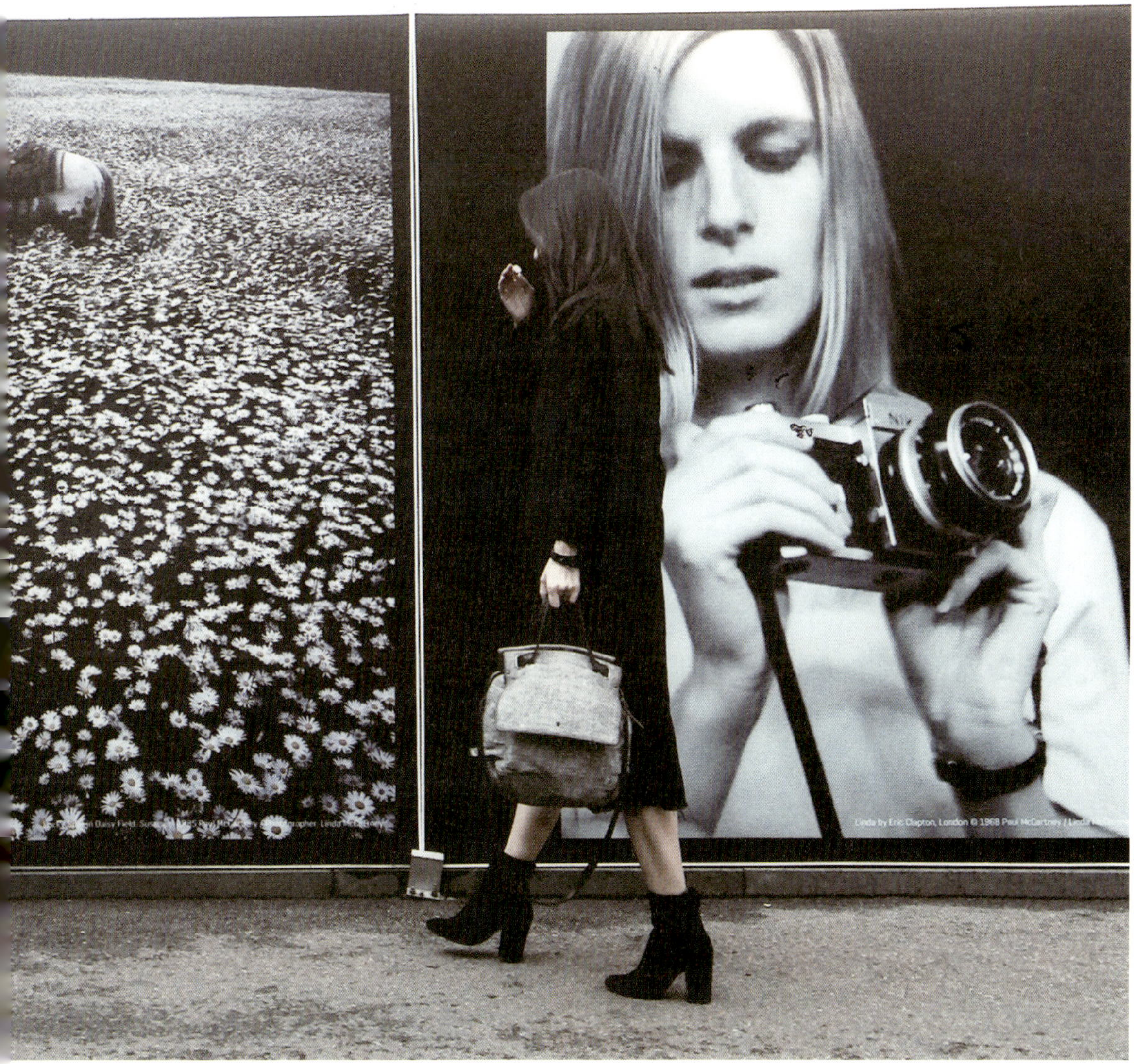
Linda by Eric Clapton, London © 1968 Paul McCartney /

FLOWER PRINT ONE-PIECE

{ ?! }

어른과 소녀의 경계에 아슬아슬하게 서 있던 롤리타처럼, 소녀에서 어른이 된 지 물리적으로는 한참 지났음에도 취향의 나이는 소녀에 머물러 있는 것들이 있다. 플라워 프린트처럼 말이다. 일곱 살 딸에게는 무채색 오버 핏 블랙 코트와 원피스를 입히면서, 가끔 나는 플라워 프린트를, 그것도 핑크와 베이비블루 컬러의 원피스를 입고 나무 굽 소리 또각또각 나는 샌들에다 아폴리스의 마켓 백까지 들고 외출하고 싶은 날이 있다.

결혼하던 그해 7월의 여름.

뉴욕 맨해튼에 있는 오프닝 세리머니 매장에서 샀던 디자이너 클로에 세비니의 플라워 프린트 드레스도 절대 버릴 수 없는 아이템 중 하나. 아주 가끔이지만 햇살 좋은 초여름 날씨에는 다른 겉옷 없이 이 원피스 한 장만 풀랑거리며 입을 수 있는 그런 날이 기다려진다. 그리고 내 딸 기우가 이 원피스를 입게 될 몇 년 뒤의 모습도 상상해 본다. 덧붙여서 또 아주 오랜 시간이 흘러 할머니가 되어서 이 플라워 원피스에 양말과 샌들을 신고 여행을 떠나는 모습도. 그때에도 이 잘록한 허리의 XS 사이즈 원피스가 맞게 하려면 몸매 관리에 필히 신경을 써야 할 것 같다.

+MY SIGNATURE ACCESSORIES

언젠가부터 펠트나 리버티 원단 같은 패브릭으로 만든 기우의 목걸이를 빌려서 하고 다니기 시작했는데, 아이들 액세서리가 가진 특유의 발랄함 때문인지 목걸이가 하나 더하는 것만으로도 소녀가 된 기분이 든다. 그래서 아예 처음부터 엄마와 아이가 함께 할 수 있는 패브릭 액세서리들을 직접 만들어서 착용하기 시작했다. 대학원에서 액세서리 디자인을 전공한 내 친구도 그랬다. 임신 때까지만 해도 귀, 팔, 손가락… 어디가 딱 포인트라고 할 것도 없이 주렁주렁 달고 다니는 스타일을 고수했는데 아기가 태어나고 나니, 액세서리를 하는 데 제약이 많이 생겼다고 말이다.

메탈 소재의 액세서리들은 모두 금지!

아이와 함께라면 내 꼬마를 해치지 않을 소재로 골라야 한다. 그러다 보니 패브릭이 주로 사용된 팔찌나 울 소재의 털실 팔찌, 펠트로 된 목걸이 같은 것들을 즐긴다. 대부분 직접 디자인한 액세서리들로 포인트를 주기 시작한 것이다. 그렇게 나의 취향으로 고른 소소한 디테일들이 하나씩 쌓이면 프렌치 스타일이라고 주장하고 싶은 나만의 스타일과 분위기가 만들어진다. 다른 사람과 똑같지 않아도 괜찮다. 주서 광고 속 엄마처럼 완벽하지 않아도 좋다.

나만의 색깔을 알고 그 취향을 즐기는 것.

그것이면 충분하다. 정말 그렇다. 반짝이는 금속 목걸이를 좋아하는 사람이라면 목걸이로, 패브릭으로 장식된 내추럴한 분위기의 팔찌를 좋아하는 사람이라면 또 그런대로 자기만의 시그니처 액세서리를 매일 하고 다니는 것도 스타일을 만드는 좋은 방법 중 하나다. 그렇게 모인 디테일들로 자기만의 고유한 분위기를 가지는 게 모두가 동경하는 프렌치 스타일의 여자가 되는 가장 쉬운 방법이 아닐까. 탱탱한 피부와 예쁜 얼굴의 이십대의 매력이 사라진, 삼십대의 우리에게 가장 큰 무기는 바로 분위기니까.

men

AND SHOES

내가 가장 편하게, 매일 신는 데일리 플랫 슈즈는 바로 벤시몽의 화이트 컬러 운동화다.

키가 작은 게 콤플렉스라서 굽이 있는 신발이 아니면 영 쳐다보지도 않았는데 말이다.

벤시몽의 화이트 컬러 운동화.

키가 작은 나로서도 왠지 거부할 수 없는 아이템이었다. 여러 가지 컬러가 나오는 것으

로 유명하지만, 역시 벤시몽 하면 화이트 컬러가 제일 예뻐서 오래 신어 색깔이 바랜 것

한 켤레에다 새 신발 한 켤레를 꼭 신발장에 넣어 두어야 마음이 놓인다. 그리고 프렌치

스타일 룩에 없어서는 안 되는 앵클부츠. 한때, 카피 제품이 동대문과 각종 쇼핑몰에 도

배되다시피 한 이자벨 마랑 앵클부츠는 절대 고가의 신발은 사지 않는 내가 유일하게 구

입한 제품이다. 쇼트 팬츠와 니트, 셔츠에도 역시 블랙 가죽의 이자벨 마랑 부츠는 너무

나 잘 어울린다. 가격이 비싸지만 않으면 카멜 스웨이드로 하나 더 소장하고 싶을 만큼

매우 탐나는 아이템이다. 굽이 낮은 마랑의 앵클부츠 외에 추천하고 싶은 하나 더! 지난

해 빠리에서 구입해 잘 신고 있는 또 하나의 데일리 슈즈로 오프닝 세리머니의 청키한 부

츠다. 굽이 8~9cm 정도로 꽤 높은데도 굽 자체의 두께감 때문인지 오래 걸어도 발이 아

프지 않고 갑자기 날씬한 빠리지엔이 된 것 같아 무척 아끼는 아이템이다. 한편 여름이면

발가락이 훤히 드러나는 슬림 라인과 스트링의 가죽 샌들을 꼭 신는데, 이탈리아 브랜드

인 PePe의 엄마 사이즈 샌들도 아끼는 신발 중 하나다. 코르크 밑창에 가죽 스트랩이 심

플하지만 소녀스러운 느낌의 A.P.C 샌들도 오래 신었지만 절대 질리지 않는다.

어린아이들을 동반하느라 두 손이 자유롭지 못한 엄마들에게 클러치는 그다지 실용적인 아이템이 아니다. 하지만 그렇기 때문에 더더욱 욕망의 아이템으로 자리 잡았다. '꼬마들 없이 혼자 외출하는 날에는 꼭 클러치를 들어야지.' 사소한 결심을 하게 만드는 것이다. 첫째가 자라 외출할 때 내 손이 조금은 덜 가게 되었을 즈음, 기저귀도 물티슈도 바리바리 챙길 필요가 없어졌을 바로 그 절호의 기회에 덜컥 둘째를 가지게 되었다. 한창 시장으로, 사무실로, 정신없이 다니면서 XXXL 사이즈의 리넨 백에서 헤어 나오지 못하던 그때, 출산을 기다리면서 구입했던 마지막 아이템이 있었다.

옐로 컬러의 클러치.

둘째 꼬꼬마를 안고 집으로 돌아와 침대에 눕히던 날, 그동안 뜯지 않았던 택배 박스를 열어 타쿠아즈 블루 컬러의 거즈 속싸개에 담긴 아가만 한 사이즈의 옐로 컬러 클러치를 함께 침대에 놓았다. 한손에는 클러치를, 한손에는 꼬마를 안고 멋스럽게 걷는 모습을 상상하면서 말이다. 물론, 그 상상은 진짜 상상으로만 끝나게 되었지만!

끈이 없으니 불편할 것이 분명하고, 특히 물건을 잘 잃어버리기로 소문난 나에게는 무척 위험한 아이템임에도 불구하고 클러치는 마치 나쁜 남자처럼 그렇게 매혹적이다. 스트라이프가 자잘하게 들어간 셔츠를 소매 부분만 롤업해 입고 나가도 되는 '봄봄봄한 날씨'에는 끈이 있는 백보다는 클러치 하나를 들면 외출의 즐거움이 배가 된다. 고맙게도 팔목이 좀 가는 편이라서 그 팔목이 안 보일 만큼 볼드한 메탈 브레이슬릿도 즐겨하는 아이템이고, 직접 만드는 리넨과 리버티 패브릭이 바람에 폴랑폴랑 날리는 걸리시한 브레이슬릿들도 셔츠, 클러치와 매치하기 좋아한다.

+CLUTCH

THE FRENCH STYLE GUIDE TO MOMMY

엄마도 패셔너블하고 싶다.
그래서 나는 자꾸만 점점 더 프렌치 시크 스타일에 빠져든다!

프렌치 테이블? 그 이유 있는 허세 혹은 당당한 변명

프렌치 시크. 입에 착 감기는 이 단어 하나를 놓고 구구절절 말이 길다. 누군가는 그렇게 느낄 수도 있을 것 같다. 말도 안 되는 허세라고 비웃을 독자가 있을 것도 같아서 괜히 눈치가 보인다. 사실 내 남편부터 그러니까! 엄마도 스타일 있는 여자로 살고 싶다고, 그러니 엄마에게는 프렌치 스타일이 딱이라고! 목소리 높여가며 이야기하고 있는 것이 왠지 좀 민망하기도 하다. 그도 그럴 것이 내가 추구하고 있는 빠리지엔 감각이라는 것에는 분명 이유가 있고, 또 나름의 분명한 해석도 존재하지만 알고 보면… 그게 은근히 핑계거리가 되기도 하는 까닭이다. 당당하고도 이유 있는 변명 같은 것 말이다.

프렌치 시크 스타일 리빙.

패션도 그렇지만 라이프스타일 역시도 프렌치 시크를 적용하며 사는 편이다. 그게 왜 그런가 하면 아주 심플하기 때문이다. 요리에 재주가 있거나 요리하기를 즐기는 편이 못 되는 나로서는 바삭하게 구워낸 토스트 한 쪽으로도 은근히 한 끼 식사가 완성되는, 그 시크함이 마음에 쏙 든다. 갖은 반찬 만들어서 구구절절 상에 올려야 하는 한식 테이블과는 사뭇 비교되는 밥상이다. 버터와 치즈, 잼과 빵, 그럴듯한 식기에다 감촉 좋은 매트 한 장이면 허세 가득한 테이블이 저절로 완성되니 이보다 더 좋을 수가.

게다가 까다로운 양념을 더하지 않아도, 그저 재료 본연의 건강한 맛을 즐길 수 있는 식사가 제법 많은 프렌치풍 식단은 감동스럽기까지 하다. 이렇게 먹어야 건강한 식사라며 큰소리 치면서 뚝딱 차려낼 수 있으니 고개가 절로 숙여지는 것이다.

이쯤에서 고백한다. 나처럼 한번쯤, 프렌치 시크 스타일의 리빙 감각을 뽐내보라고. 더구나 그것이 매일 먹는 밥상일 때는 더할 나위 없는 위안이 된다고 말이다. 거짓말 같다고? 절대 그렇지 않다. 해본 사람은 다 안다. 정말!

내가 좋아하는 프렌치 셰프의 책 『아 따블르 빠리』를 보고 따라했던 어느 토요일 아침의 크로크무슈.

분필 가루 같은 파우더가 묻어 있는 오가닉 빵은 보기만 해도 따뜻하다.

do you know Carrie Bradshaw?

캐리 브래드쇼

맨해튼에 사는 이 핫한 언니는 시크함이 뭔지, 에지가 뭔지 모를 때부터 우리들의 뮤즈였고, 이상형이었다. 언니와 나의 차이점을 열거하자면 3월 둘째 주에 할 일 리스트의 목록보다도 더 많겠지만, 가장 큰 차이점을 꼽으라고 한다면? 이 언니는 결혼은 했지만 아이가 없다는 거였고, 나에겐 하나도 아닌 두 명의 아이가 있다는 것이다. 나름 비슷한 말라깽이 스타일의 몸매를 가졌다고 내심 뿌듯해하고 있던 나와 캐리 언니, 그러니까 우리 둘의 스타일을 더 확실히 차이나게 만든 이유였다. 첫 아이 출산을 2주일 정도 앞둔 4월의 봄날에도 나는 7㎝ 하이힐을 포기하지 않았고, 만나는 사람마다 불편해 보인다고 야단이었지만 배에 꼭 끼는 짧은 원피스를 입었다. 진통이 10분에서 8분 간격으로 짧아지던 그 순간에도 출산 가방을 챙기는 대신 화장품 파우치에서 펜슬 아이라이너를 꺼내고 아이섀도를 바른 듯 안 바른 듯, 살짝 양쪽 눈두덩에 누른 뒤 남편을 깨웠을 정도의 허세가 있었다. 하지만 9개월 동안 매일 조금씩 이스트를 뿌린 것처럼 부풀어 오르던 배에도 포기할 수 없었던, 내 이십대의 워너비인 캐리 스타일은 출산 후의 몸이 다시 제자리를 찾아가고 있을 즈음부터 차차 변하기 시작했다. '프렌치 시크'라는 말이 지금은 귀에 익숙한 단어가 되었지만 처음 접했던 프렌치 시크의 대명사, 그러니까 빠리지엔들의 스타일은 십대 시절 쫓아다니던 아이돌보다 더 마음을 설레게 만들었다.

제인 버킨, 샤를로트 갱스부르, 루 드와이옹, 엠마누엘 알트, 제랄딘 사글리오. 이름부터 벌써 프랑스 버터를 바른 듯 봉슝봉 슝한 그들. 이십대 때 여행했던 빠리에서는 눈에 들어오지도 않던, 한손으로 시크하게 유모차를 끄는 프렌치 마망들의 스타일이 눈에 쏙 들어와 버린 거다. 앞에서도 소개했지만 프렌치 시크의 대모 격이라고 할 수 있는 여자, 제인 버킨. 공연을 위해 서울을 방문했던 제인 버킨의 인터뷰 속 모습은 특히 그랬다. 60대 할머니가 저런 비주얼이 가능한 것인지 의심했을 만큼 기분 좋은 느낌의 충격이었다. 자신의 이름을 딴, 세상 모든 여자들의 위시 리스트 아이템 1번쯤 되는 잇 백의 주인공이면서도 꽤 오래 두고 신었음이 역력한 화이트 컬러의 벤시몽 스니커즈를 신은 미세스 버킨. 누구나 쉽게 가지기 어렵다는 자기 이름을 딴 백에는 다섯 살 꼬마 여자아이의 가방처럼 덕지덕지 스티커까지 붙여 놓은 채였다. 참으로 프렌치하게 말이다.

그때부터였던 것 같다. 프렌치 스타일을 엿보고 흠모하기 시작한 것이.

무심한 듯 루스한 핏의 재킷, 보이프렌드 대신 허즈번드의 클로짓에서 꺼내 입은 듯한 셔츠, 사실인지 모르겠지만 4~5일은 기본으로 감지 않는다는 헝클어진 머리카락 그리고 화장한 듯 안 한 듯한 내추럴 메이크업까지… 소문난 프렌치 마망들의 스타일은 만성 수면 부족과 육아에 시달리는 우리 엄마들에게 편리하면서도 센서블한 스타일이 될 틀림없었다. 두 시간 반마다 깨어 우는 아기를 달래느라 잔 것도 안 잔 것도 아닌 반쯤 감긴 눈, 부스스한 머리카락에 남편 셔츠를 자기 셔츠로 착각하고 입고 나왔다 해도, '이게 프렌치 시크야'라고 당당하게 말할 수 있었으니까. 나 역시, 아주 추운 한겨울을 제외하고는 늘 무릎 위까지 올라오는 스커트나 팬츠만 입던 이십대와는 아듀하고 어느 순간부터 가릴 데는 가려주는, 특히 갈비뼈 아래 허리와 배, 그 어디부터 허벅지와 엉덩이 부근의 알기 어려운 경계 때문에 루스한 핏의 옷을 즐겨 입기 시작한 것도 엄마가 되면서부터다. 그래. 엄마가 된다는 건 조금 특별한 경험이다. 평소엔 잘 작동하지 않던 눈물샘도 건드리기만 하면 눈물을 쏟고, 지나가는 새소리, 개미들의 행진에도 발걸음을 멈추고 주위를 살피게 된다. 우리는 모두 그렇게 엄마가 되어 가고 있는 것이다.

{epi 02}

oversized jacket and my friend

프렌치 스타일의 룩에 빠져들게 된 또 하나의 순간이 있다. 오버사이즈의 재킷을 처음 입어본 뒤였다. 처음으로 갖게 된 이 자벨 마랑의 패치워크 트렌치 재킷이었는데, 그동안의 트렌치 아이템들과는 핏에서부터 미묘한 차이가 느껴졌었다. 마랑 스타일이라고 하는 재킷들은 어깨의 봉제선이 항상 살짝 내려와 있다. 그래서 꼭 자기 옷이 아닌, 보이프렌드 혹은 허즈번드의 옷을 빌려 입은 듯한 느낌이 든다. 그리고 안감. 내가 특히 중요하게 생각하는 건 핏도 핏이지만, 소재와 안감인데 안감을 코튼의 일종인 광목으로 대어서 소매 끝을 롤업 하면 안감의 내추럴한 광목천이 보이는 그 느낌을 무지하게 사랑한다.

 그런 느낌을 막연히 좋아하기 시작했을 무렵. 20개월쯤 되었던 첫아이의 옷을 사러 들른 시장에서 마랑 핏의 프렌치한 아동복을 발견했다. 코튼으로 만든 캐러멜 컬러의 티셔츠였는데, 어깨 라인이 1인치 정도 내려와 있었고 루스한 핏을 가진 기본 티셔츠였지만 왜 그런지 다른 아동복들과는 확실히 달랐다. 그렇게 처음 만난 [엠앤제이스토리], 이것이 우리의 시작이었다.

지금 내가 운영하고 있는 브랜드 [컬잇]의 시작이라고도 할 수 있겠다.

처음 'a lot like little m'이라는 사이트를 시작하면서 거래처 대표로 알게 된 친구 현정이. 디자인을 총괄하고 있는 그녀와 몇 번의 짧은 인사만으로도 금방 친해졌었다. 나중엔 의기투합해서 '컬잇'이라는 사이트까지 같이 만들게 정도로. 그녀의 느낌을 그대로 표현한, 그러니까 우리 엄마들이 입고 싶었던 그런 옷으로만 가득 찬 클로짓을 꿈꾸면서! 그녀의 아이 옷에 반하고 스타일에 매료되었던 만큼, 그녀 역시도 나의 딸 기우를 정말 예뻐해 줘서 새 시즌 디자인 준비에 한창일 때면 원단 조각과 패턴들을 놓고 언제나 공식처럼 기우 얼굴을 대입해 블라우스와 드레스, 재킷 같은 것들을 만든다고 했다.

아이, 그것도 여자아이에게 재킷을? 사실 좀 생소할 수도 있다. 아이들에게는 스웨터나 저지 소재의 카디건을 주로 입히는 현실을 굳이 대입하지 않더라도 보통 아이들에게 재킷은 자주 입히는 데일리 아이템이 아니니까. 그런데 디자이너인 그녀가 가장 잘 만드는 아이템은, 재킷이었다.

잘 팔리는 아이템은 여전히 기본적인 코튼 티셔츠나 편한 고무줄 팬츠 같은 것들이지만, 나와 그녀 그리고 우리는 유난히 아이 재킷에 집착했다. 물론 안감까지도 반드시 광목이어야 하는 그런 재킷. 워싱 처리해서 자연스럽게 구김이 들어간 코튼 소재의 루스한 핏의 재킷은 그녀가 가장 잘 만드는 거였고, 내가 가장 사랑하는 아이템이었다. 막 입을 수 있으면서도 신경 쓰지 않은 듯 최소한의 멋을 부릴 수 있는 그녀의 재킷들은 기우와 내가 여전히 가장 잘 입고, 아끼는 옷들이다.

그렇게 또 그렇게⋯ 완소 스타일에 빠져서 환호했던 숱한 날들 속에는 언제나 내친구 현정이가 있었다. 내가 평생 즐기고 싶을 만큼 사랑하게 된 오버 핏 스타일의 재킷을 선물하고 떠난 그녀. 이제는 멀리 떠난 그녀를 지금 이렇게 다시 그려보고 있다. 그리고 둘이 함께 시작했던 프렌치 스타일을 추억한다.

113

"고마워. 잊지 않을 거야."

114

OÙ TROUVER LES CRÉATIONS DE NATHALIE LÉTÉ ?

Exposition
"Mes petites histoires"
du 21 mars au 21 juin 2015,
600 m² d'exposition, au Musée
de La Piscine à Roubaix, 23, rue
de l'Espérance, 59100 Roubaix

Vente
Astier de Villatte,
173, rue Saint-Honoré, 75001 Paris
Bazartherapy, 15, rue
Beaurepaire, 75010 Paris,
pour qui Nathalie Lété crée
quatre meubles en exclusivité,
disponibles en janvier 2015.
Domestic, domestic.fr

bucoliques, mises en scène dans un
décor surnaturel imaginé sur mesure.
Nathalie possède un atelier situé à Ivry-
sur-Seine, et ses produits sont distri-
bués ici et là, mais il lui manquait un
espace pour recevoir ses clients, ache-
teurs et amis. Elle nous raconte : "Je suis
arrivée à une période de ma vie où j'avais
envie d'avoir un endroit uniquement pour
moi, un endroit où m'inventer sans aucun
de contraintes. Finalement, je n'ai pas eu
de lieu de transition entre la maison paren-
tale et ma maison de famille. Ici, c'est un
endroit à moi, c'est la chambre d'étudiante
que je n'ai jamais eue", s'amuse-t-elle.
Pour donner naissance à cet imaginaire,
Nathalie a travaillé en étroite collabo-
ration avec l'architecte Nicolas André.

70

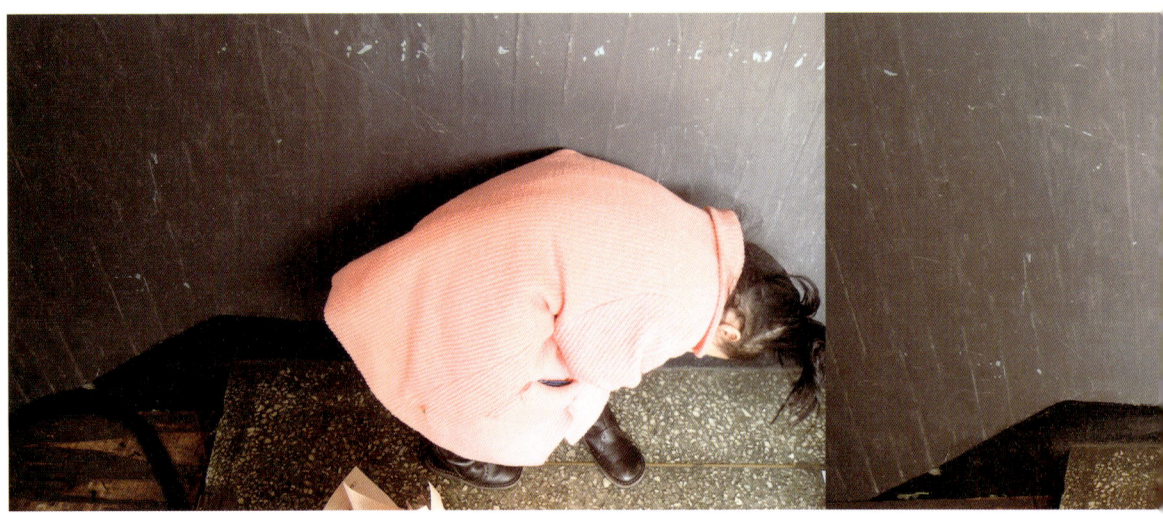

{ ? }

"기우야, 이제 엄마랑 네 얘기 그만하려고."

"이제 우리 다른 이모들 얘기하자. 우리 날마다 만나는 그 멋쟁이 이모들!"

{ mogi

the end }

gari

[hysope] owner

age : 32

mom of : 6 years old boy

height : 164cm

favorite city : Paris

daily uniform : white bensimon, linen dress, shirts,

shorts, ankle boots, black coated jean, t-shirt

fashion favorites : oversized jacket, gauze shirt, print dress,

white bensimon, clare vivier clutch

kids brand & shop : bonton, caramel baby&child, child-ish,

m&j story

ultimate muse : marine vacth

124

[gari]

빠리지엔보다

더 빠리지엔 같은

멋진 여자!

Style muse
Marine Vacth

마린 백트

그녀의 존재를 모르고 살다가 영화 〈young and beautiful〉을 보고 반해 버렸다. 도입부 해변 장면에서 마린의 첫 느낌이 너무 강렬해서 검색에 들어갔더니 보면 볼수록 알고 싶은 매력 덩어리! 가리 역시 나처럼 마린 백트의 매력에 푹 빠져 있었다. 마린은 늘 헝클어진 부스스한 머리에 갱스부르처럼 아무나 소화할 수 없는 스트레이트 진과 오버사이즈 재킷을 즐겨 입는다. 레이스 톱에 프린지 가득한 샤넬 드레스와 블랙 컬러의 플랫 슈즈를 신고 평소보다 더 헝클어진 머리카락을 풀어헤쳤던 룩의 무심한 시크함이 정말 최고였다. 다시 태어나면 갖고 싶은 예쁜 마스크와 매혹적인 눈빛도 너무 사랑하는 마린의 느낌. 가리는 사실 딱 좋아하는 뮤즈가 한 명으로 정해져 있지 않고 영화 속 여주인공 캐릭터에 잘 빠져드는 편이란다. 지금 생각나는 건, 〈라스트나잇〉의 키이라 나이틀리, 〈아이엠러브〉의 틸다 스윈튼, 〈미드나잇인파리〉와 〈러브미이프유데어〉에 나오는 마리옹 꼬띠아르, 가장 최근에 본 영화 〈나쁜 사랑〉의 샤를로트 갱스부르도 너무 좋아하는 뮤즈라고 엄지 척!

1
gari style
french chic

129

dress like her
_____
가리식, 프렌치하게 옷 입기

오늘도 외출하기 전, 빗질은 몇 번이나 했을까. 부스스하게 늘어져 내려온 헤어 스타일에 프렌치한 거라면 무엇과도 다 잘 어울리는 그녀는 우리 사이에 '가리 감성'으로 통한다.

가리 감성.

깨끗한 맨얼굴에 몽롱하게 잠에서 덜 깬 듯한 분위기를 가진 그녀는 빠리 4구에서 우연히 마주쳤다 해도 전혀 어색하지 않을 비주얼이다. 여섯 살 꼬마 남자아이의 엄마라고 하기엔 너무 어리고 아직 소녀의 풋풋함이 남아 있는 가리는 나에게 처음으로 꽃의 아름다움을 일깨워 준 동생이다.

그녀가 운영하는 숍 'hysope'에서 한 번이라도 옷을 주문한 기억이 있는 사람이라면 옷과 함께 포장된 티슈페이퍼 위에 꽃이 배달된 것을 보고 놀라거나 소소한 감동을 받은 적이 있을 것이다. 커피 값은 아껴도 꽃값은 아끼지 않는다는 그녀는 아무리 바쁜 일상 속에서도 일주일에 한두 번은 꽃시장 가는 걸 잊지 않는다. 여섯 살 된 꼬마 서우도 엄마의 손을 잡고 어릴 때부터 자주 꽃시장을 드나들어서인지 벌써부터 꽃을 고르는 자기만의 취향도 있다.

시그니처 스타일인 셔츠와 팬츠를 즐겨 입는 그녀는 내가 세상에서 가장 이상적이라고 생각하는 164cm의 키에 완벽하게 딱 들어맞는 몸매를 가졌다. 서우가 태어나기 전까지 한 번도 팬츠를 입어본 적 없었다는 그녀는 활동적인 아들을 뒤쫓아 다니면서부터 스커트와 작별 인사를 해야만 했다. 대신 즐겨 입게 된 데일리 룩은 더운 시즌에는 쇼트 팬츠와 셔츠 코디에 앵클부츠를 신고, 보통은 블랙 코티드 진에 티셔츠와 재킷을 자주 매치한다.

바쁠 때면 아직 머리카락이 덜 마른 채 나오기도 하는 가리의 프렌치한 헤어는 코코넛 향기가 나는 샴푸로 감고 두피만 말려준 뒤, 물기만 탈탈 털고 끝. 일주일에 채 3~4번도 머리 감는 데 시간을 투자하지 않는다는 진정한 빠리지엔의 애티튜드도 이와 비슷할 것 같다. 헤어 컬러는 달랐지만, 빠리 공기를 머금은 빠리지엔들의 헝클어진 머리카락을 보면서 나도 가리를 떠올렸으니까.

SHIRTS

137

가리, 그녀에게는 셔츠가 정말 잘 어울린다.

여성스럽게 풀어져 내린 머리카락과도 맞춤이고,

눈앞에 젤리 가게를 발견한 꼬마처럼 환하게 웃는

그녀 본연의 애티튜드와도 제격이다.

그런 그녀도 처음부터 셔츠를 좋아했던 것은 아니다.

셔츠라고 하면 한껏 날이 서게 다려진 아빠 셔츠가

전부라고 생각한 적도 있었다고 하니 말이다.

그녀가 특히 사랑하는 부드럽고 도톰한 거즈 소재 셔츠는

마음에 작은 비둘기 같은 포근함을 줄 정도란다.

거즈 셔츠의 자연스러운 주름에는 일상의 움직임과

시간의 흔적 같은 자유로움과 편안함이 담겨 있다.

그래서 가끔은 셔츠에도 사람을 꼭 닮은,

그런 감정이 있는 것은 아닌지 상상해 보곤 한다.

남자친구 것을 빌려 입은 것처럼 핏은 꼭 여유로워야 하고,

그래야 공기가 셔츠 사이로 들락날락하는

기분 좋은 움직임이 느껴진다.

거즈 소재나 늘 입어서 몸에 익은 부드러운 리넨 셔츠,

어깨 라인이 곡선으로 부드럽게 떨어지면서

소매를 착 걷어 올렸을 때 보이는 가느다란 손목.

버튼은 한 두 개 풀어 자연스럽게 만들어지는 V라인을 사랑한다.

이런 사소한 디테일들이 모여서 셔츠가 가지고 있던

긴장된 남성성을 은근하게 무너뜨릴 때의 그 쾌감이란!

가리가 셔츠를 좋아하는 디테일한 이유들이 바로 이것이다.

139

만약 아직도 여전히 셔츠는 딱딱한 거라고 생각하는 사람이 있다면,

움직이기 편한 건 역시 스판 소재의 티셔츠라고 생각하는 사람이 있다면,

위로 받고 싶은 날에는 따뜻한 거즈 셔츠를 입어보라고 가리가 말했다.

새로운 셔츠의 세상이 얼마나 황홀한지를 느껴보기 바란다, 했다.

약속 시간은 점점 다가오는데 뭘 입어야 할지 모를 순간이 오면

유연한 소재의 블랙 또는 화이트 셔츠 입기를 딱 꼬집어 추천하기도!

베이지, 네이비, 카키, 그레이 컬러의 셔츠들은 느긋한 일상에 기본이다.

쇼츠와 앵클부츠, 그리고 손목에 가장 아끼는 팔찌와 함께

툭 셔츠를 걸쳐 입고 나갈 때 그녀는 가장 편안함을 느낀다.

그리고 또한 가리, 하면 떠오르는 클러치도 있다. 봉골레 두 접시쯤은

거뜬히 먹어치운 듯 언제나 불룩한 내 클러치와는 달리,

가리의 클러치는 정말이지 그녀처럼 린(lean;-)하다.

처음 만났을 때, 그러니까 5개월 된 서우를 데리고 나타난 그녀는

아직 대학을 졸업하기도 전인 여대생처럼 앳된 느낌의 엄마였다.

지금도 그녀는 하나 다르지 않다. 벤시몽 스니커즈를 신어도,

청키한 힐의 섹시한 블랙 부츠를 신어도 깨알같이 완벽하다.

그녀의 가녀린 선에 비해 유독 무거웠던 아들을 더 이상 안아주고

다니지 않아도 될 무렵부터 다시 하나둘씩 사 모으기 시작했다는

슈즈들은 그녀의 스타일을 에지 있게 마무리해 준다.

그중에서도 블랙의 블록 힐에 스키니한 레더 팬츠를 입었을 때?

정말이지 이 여자, 프렌치스럽다고 표현할 수밖에 없다.

140

몸을 부드럽게 감싸주는 화이트 셔츠 한 장이면 시크함이 완성!

142

30대가 되어 쇼트 팬츠를 입을 때는 상의를 여성스럽게 매치하거나 긴 셔츠를 더한다. 끝!

143

{ Your sweater }

남편 옷장 속에는 의외로 컬러가 예쁜 캐시미어 니트와 스트라이프 셔츠가 숨어 있다.

그의 체취와 포근함은 덤!

스트라이프 니트, 프린트 원피스, 꼬마의 쁘띠 손수건.

심플한 디자인일수록 컬러 조합만으로도 충분히 즐거워질 수 있다. 톤 다운된 핑크 슬리브리스와 퍼플 리바이스 진.

리넨 소재 그레이 티셔츠에 오래 입어 물 빠진 다크 그레이 쇼츠. 온통 모노톤일 땐 머리에 쁘띠 터번을 둘러 기분을 업 시킨다.

스트라이프 티셔츠와 쇼트 팬츠에는 어김없이 앵클부츠.

은은한 톤이라 부담스럽지 않은
zara의 파이톤 플랫 슈즈.

심심한 스타일을 시크하게
마무리해 주는 zara의 블랙 스트랩 샌들.

148

Jil Sander Navy 그레이 컬러 청키힐.

Castaner 네이비 컬러 웨지힐.
와이드 팬츠나 거즈 롱 원피스와
늘 함께한다.

갤러리아 Hope 매장에서 구입한
레드 컬러 샌들.

sandro 네이비 컬러 쁘띠 숄더백.
짐을 많이 들고 다니는 걸 좋아하지
않아서 그런지 크기가 작은 클러치,
숄더백을 모으고 있다.

oui merci 빅 사이즈 리넨 백.
얇고 가벼워 짐이 늘어나면
세컨백으로 제일 요긴하다.

ILMO에서 구입한 Jas. M. B. London
스퀘어 숄더백. 흔하지 않은 연보라와
레드 컬러의 조합이 훌륭하다.

1

낡을수록 멋스러워지는 벤시몽. 교토의
조그만 골목을 지나다 구입한 추억이 담
겨 있어서 구멍이 나도 버릴 수가 없다.

3

딥티크의 OYEDO는 주로 봄, 여름에.
L'ombre dans l'eau는 가을, 겨울에.
조말론의 풀향과 함께 가끔 뿌리는 향수.
사실 향수보다 비누향을 더 사랑한다.

2

cheap monday의 귀여운 베이지 컬러
선글라스. 블랙 룩에 포인트를 주고 싶을
때 꺼내들면 언제나 성공!

4

callit의 시그니처 브레이슬릿. 컬잇에서
만든 브레이슬릿을 하고 외출한 날엔 손
목에 자신감이 생긴다고.

5

액세서리는 주로 브레이슬릿이 대부분.
아주 얇거나 볼드하거나. 살짝 여성스러
운 터치가 가미된 컬러플한 브레이슬릿
을 좋아한다.

7

MJ의 귀여운 참과 인조 진주 목걸이. 진
주 목걸이는 목에 걸기보다는 손목에 여
러 번 둘러 감아 활용한다.

6

엄마 서랍에서 잠자고 있던 상아 팔찌를
가져왔다. 가리식 빈티지란 이런 것.

152 분위기를 바꾸고 싶을 때는 옷보다는 조금 더 디테일한 곳에 신경 쓰는 편이다. 예를 들면 향수, 손맛이 담긴 액세서리 같은 것들.

퍼플그레이 컬러 페인트를 칠한 뒤 더 애착
이 생긴 침실. 서랍장 위에는 비누 몇개, 향
초, 꽃시장에서 사온 꽃을 둔다. 아침에 일어
났을 때 제일 먼저 눈길이 가는 공간. 잠깐이
지만 눈으로 향기를 느낄 수 있도록.

초록 계절이 좋다. 가볍게 입고 어디든 떠날 수 있을 것 같은 설레는 공기가 있는 계절.

C'est comment votre ete?

gari lifestyle

home & days

2

lifestyle like her

가리식으로 사는 법

옷을 입는 취향은 집과 라이프스타일에까지 이어진다고 생각한다. 가리의 라이프스타일은 파리의 천장 높은 스튜디오에 사는 사람처럼 그렇게 심플하고 자연스럽다. 손이 작은 편이라, 음식도 늘 한 끼 먹을 만큼 양도 적게 하고 살림에 관심이 많은 편은 아니지만 내 집에 있는 살림들이 내 손안에서 컨트롤 되고 있다는 느낌이 들어야 안심한다. 그래서 살림살이도 아주 최소한으로 가지고 있다. 필요 없고 쓸데없는 물건들은 절대 사지 않고, 집 안이 물건들로 꽉 차 있는 것보다 공간이 많이 남는 여백의 느낌을 좋아한다. 가리의 집에 처음 놀러갔을 때, 나는 뉴욕에 혼자 살고 있는 아티스트의 스튜디오가 떠올랐었다.

집인 듯 혹은 갤러리인 듯.

바로 이런 느낌 때문이었나 보다. 화이트 컬러의 베이스에 화이트 컬러 베딩, 화이트 컬러 소파. 여섯 살짜리 남자아이와 함께 살고 있으면 절대 가능하지 않을 것 같은 이런 비주얼이 가리의 공간에서는 가능했다. 예술을 전공해서 하얀 캔버스와 늘 친했던 것처럼, 가리에게는 집을 꾸미는 것도 그런 느낌.

생각 없이 잡지를 뒤적이다가도 마음을 끄는 집을 만난다. 빈티지한 나무 바닥에 몇 번이나 덧칠한 벽일까 상상하게 되는 새하얀 페인트 벽을 가진, 그래서 왠지 100년은 족히 되었을 것처럼 보이는 그런 집이다.

가리의 집은 나의 로망이다.

액자, 화분, 조명 하나. 집주인의 취향을 반영하기에도, 그리고 기분 전환을 하기에도 가장 좋은 아이템들로 가득 차 있다. 그리고 그녀의 집에 걸린 리넨과 얇은 거즈 소재의 커튼들도 내가 사랑하는 아이템이다.

이사한 지 1년 정도 되어가는 가리의 집에서 가장 신경 쓴 곳은 바로 6살 꼬마 아들이 가장 많은 시간을 보내게 될 거실이라고 했다. 꼬마에게 밝고 따뜻하고 환한 기운을 듬뿍 주고 싶어서 화이트 컬러 소파와 뽀얀 베이비핑크 컬러의 테이블을 두고, 테이블 위에는 항상 그 주에 꽃시장에서 사온 꽃들로 장식한다는 것. 그녀의 홈스타일링 팁은 아주 심플하다.

164

"집은 그 무엇보다 아이들의 공간으로 만드는 것이 중요하죠. 내추럴하면서도 아이가 그린 작품이나 그림책들을 놓아두었을 때 가장 편안해 할 수 있는 공간으로 만드는 것이 내가 집을 꾸밀 때 가장 최우선으로 고려하는 점이죠" - gari

런던에서 1년에 두 번 발행되는 더 젠틀우먼. 밀크 데커레이션과 함께 빼놓지 않고 꼭 사게 되는 잡지.
뮤즈가 된 멋진 여성들의 인터뷰 글, 카리스마 있으면서도 클래식한 사진들이 시선을 빼앗는다.

168

{ ! }

les fleures

Ranunculus,

lisianthus,

hyacinth,

brunia,

dolcetto rose

라넌큘러스, 리시안셔스, 히아신스, 브루니아, 돌세토장미.

3년 전, 처음 꽃을 배웠는데 지금 생각해도 너무 행복한 봄이었다고 했다. 특히 봄에는 라넌큘러스와 작약을 만날 수 있어 더 그렇다고. 그땐 꽃이라고는 장미, 튤립, 백합 정도만 아는 수준이어서 수업 시간마다 처음 보는 꽃들에 감탄해 가면서 수업을 들었단다. 같은 꽃을 가지고도 컬러 베리에이션을 하는 선생님의 높은 감각에 꽃으로도 이렇게 고급스러운 색감을 뽑아낼 수 있구나, 이렇게 컬러 조합을 만들어낼 수 있구나, 꽃으로도 색을 다룰 수 있다는 걸 알았을 때의 희열이 제일 컸다 했다. 무엇보다 예쁜 꽃들을 바라보는 순간, 육아의 힘듦도 일상도 모든 걸 잊게 해주는 즐거움이 너무 좋았더란다. 클래스가 끝나고 그 꽃들을 집에 가져왔을 때 평범하고 익숙하기만 했던 공간에 생기가 돌고 분위기가 전환되는 게 정말 놀라웠다고 말이다.

가리의 꽃 같은 고백이다.

사실 예쁜 레스토랑이나 카페에 가면 테이블에 있는 꽃 몇 송이 때문에 그 시간이 더 특별하고 예쁘게 기억되곤 한다. 그 밝은 기운을 내 집 테이블에서도 매번 맞이할 수 있다는 즐거움, 이것 때문에 가리는 욕실에 꽃을 두는 걸 제일 좋아한다. 샤워를 하고 화장을 하는 곳도 욕실이기 때문에 욕실에서 보내는 그 혼자만의 시간을 꽃과 함께할 수 있기 때문이다. 욕실에는 진한 원색 컬러의 꽃보다는 화이트가 많이 섞인 꽃들이 더 잘 어울리는 것 같아서, 주로 연보라와 연둣빛이 섞인 리시안셔스나 뽀얀 베이비 핑크 컬러의 라넌큘러스 같은 꽃들을 자주 놓아두곤 한다.

그리고 그녀의 작은 부엌에도 꽃이 빠지지 않는다. 요리하는 그 시간을 온전히 자신만의 것으로 즐기기 위해 꽃을 더한다. 작은 볼륨으로 음악을 틀고, 설거지하는 시간에도 분위기를 내기 위해 주방 세제 옆에 작은 화병을 놓아두기도 한다고. 요리와 설거지하는 게 귀찮지 않기 위한 그녀만의 팁이다.

꽃을 따로 배우지 않는 지금도 한 달에 한두 번은 꼭 꽃시장에 간다. 따분했던 겨울이 끝나갈 무렵 아직 바람은 질투 가득한 한기를 뿜어낼 때도 봄을 가장 빨리 느끼고 싶어서 꽃시장에 간다고. 꽃시장에 가는 날은 귀여운 프린트에 무릎을 살짝 덮는 길이의 원피스에 베이지 컬러 트렌치코트를 입어줘야 한단다. 오래되어 살짝 바랜 화이트 컬러의 벤시몽과 함께, 최대한 걸리시하게!

꽃시장에서 꽃을 고를 때 특별한 원칙은 없다. 두 가지 이상의 서로 다른 컬러를 믹스하면 기분도 같이 컬러풀하게 일주일 내내 밝아진다고 했다. 그리고 말릴 수 있는 꽃들은 따로 모아 실로 묶어 거꾸로 매달아 드라이플라워로 오래오래 간직한다.

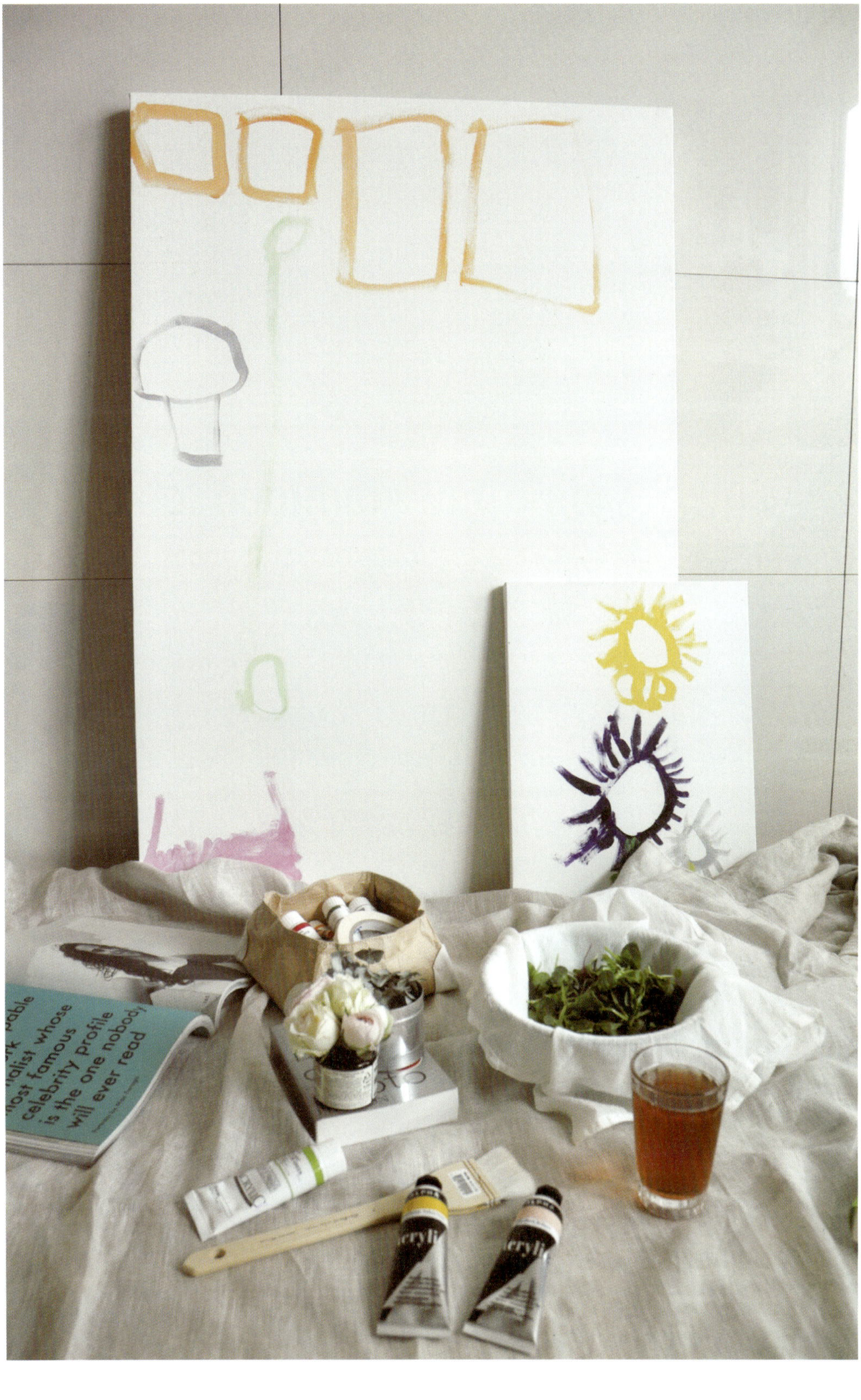
most famous
celebrity profile
is the one nobody
will ever read

172

For her final shot, Anna wears a
midnight blue silk dress by LANVIN.

278

Anna

Model: Anna Bauer. Photography: Roe Ethridge.
Styling: Marie Chaix. Hair: Jimmy Paul at Susan
Price NYC. Make-up: Benjamin Puckey at D+V
Management. Manicure: Elena Capo at The Wall
Group. Lighting design: Christopher Bisagni. Set
design: Andy Harman at Lalaland. Styling as-
sistance: Florie Vitse. Lighting assistance: John
Ciamillo, Matthew Marchese. Digital operation:
Jonathan Nesteruk. Production: Artist Commis-
sions. Shot at Root Brooklyn.

느긋한 일상과 함께 떠오른 가리의 에피소드 하나.
플라워 마켓에 가는 것만큼이나 중요한 것이
빵집에 들러 다음 날 아침 먹을 빵을 사는 것이다.
특히 좋아하는 빵은 버터브레첼.
따끈따끈하게 구워져 나온 브레첼 사이에
칼집으로 보기 좋게 공간을 만들어낸 뒤,
0.4cm 정도의 두께로 자른 버터 세 조각을 넣으면 끝.
겨울 내내 달콤한 낮잠과 함께 즐긴다는
그녀의 버터브레첼 사랑은 봄에도 역시 계속이다.
기분을 업 시킬 수 있는 일상의 작은 리추얼!
그런 요소 하나쯤 간직할 수 있다면 세상은 저절로
내 편이 된다는 가리의 말에 절대 공감!

beauty recommends

가리는 스스로 '살이 잘 찌는 체질이고 또 평생 빵을 끊고 살 수 없기에, 늘 다이어트를 염두에 두고 산다'고 말한다. 결혼하기 전에도, 서우를 낳기 한 달 전까지도 수영을 했고 그 이후에는 요가를 하다 요즘은 필라테스를 한다. 공원에서 한 시간씩 워킹도 자주 했었는데 이사한 이후에는 산책할 만한 곳이 없어 방황 중이다.

운동을 좋아하는 취향처럼 피부 관리에도 신경 쓴다. 화장품은 두 세 개만 바르는 편이다. 몇 년째 빼먹지 않고 그녀의 화장대 위를 차지하고 있는 터줏대감은 키엘 선크림. 얼굴이 하얘서 별명도 밀가리(밀가루의 경상도 사투리)인 여자. 그러니까 '가리'는 '밀가리'의 준말인 셈이다. 어쨌든 그렇게 얼굴이 맑아서 잡티가 잘 생기는 편이라 365일 선크림을 절대 잊지 않는다. 또한 몸이 건조한 편이라서 샤워는 대체적으로 10분만에 뚝딱 끝내는 편이지만, 몸에 보디 제품을 바르는 데는 30분씩이나 잡아먹기도 한다는 것이 특징이다. 그녀가 사랑하는 보디 제품은 클라란스의 보디 라인들. 봄이 시작되면 건조해지는 게 저절로 느껴져서 클라란스 앙티오 오일과 보디리프트 로션이 필수다. 키엘의 크렘 드 꼬르도 매우매우 좋아한다. 가벼운 텍스처에 진짜 촉촉한 느낌이라 건조한 피부를 가진 이들에게 추천하고 싶다고.

그리고 하나 더! 빵을 진짜 진짜 사랑하고 많이 먹는 편이라, 영양의 밸런스를 위해 의식적으로 밥을 챙겨 먹으려고 노력하는 것도 가리가 변함없이 아름다움을 유지할 수 있는 비법이다.

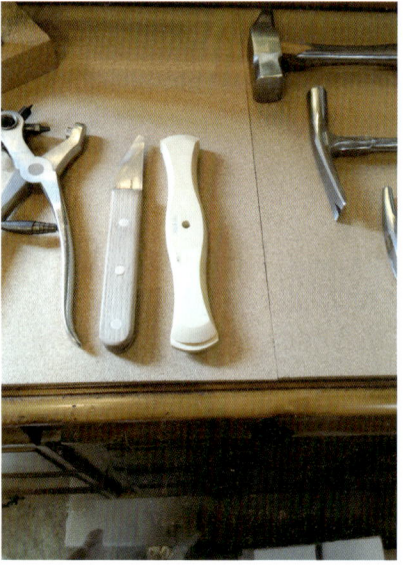

Sympa

북촌 조그만 골목의 막다른 길 끝에서 만날 수 있는 [셍빠]. 가죽 공예 재료와 도구들을 파는 곳이다.

오너의 독특한 취향이 듬뿍 담긴 숍들을 사랑한다. 그런 곳의 문을 열고 들어설 때 늘 설렌다.

{   gari

the end   }

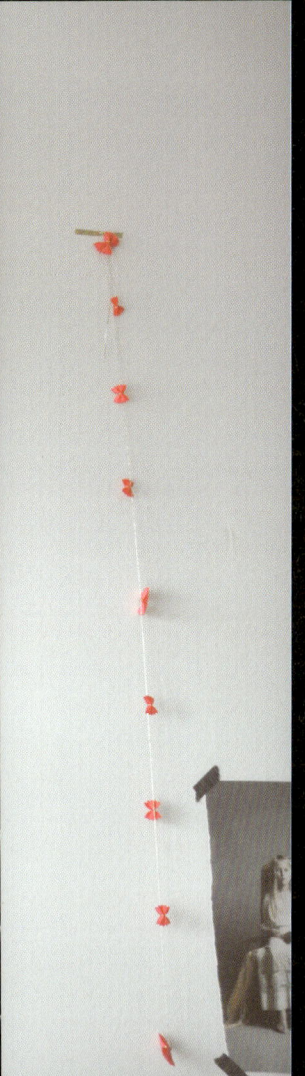

ozomuse

[ojo de papa] designer

age : 37

mom of : 7 years old girl & 5 years old boy

height : 158cm

favorite city : Paris, Tokyo

daily uniform : big linen bag, dress, long skirt

[ozomuse]

꽃을 닮았어, 이 언니는!

Style muse
Audrey Hepburn
오드리 헵번

기억난다. 할머니가 되어서도 요정 같던 오드리 헵번. 사실 그녀가 가진 이미지는 결코 한두 가지로 정의될 수 없을 거다. 그녀의 어떤 모습이든 대체로 지독히 매혹적이니까. 하지만 그 숱한 아름다운 모습들 중에서도 아이들을 사랑한 마지막 즈음, 그 노년의 모습이 가장 기억에 남는다. 이즈음의 그녀는 중성적인 프렌치 시크 이미지와는 다르게 한껏 여성스럽고 우아한 분위기를 풍겼다. 그녀만의 프렌치 감각 혹은 스타일에 대한 확고한 정신은 이후로도 오래도록, 어쩌면 영원토록 사랑받을 것 같다.

[오조 드 파파]의 디자이너 4년 차인 수진 언니도 아이들과 함께 있을 때 가장 아름답고 향기가 나는 예쁜 엄마다. 나는 언니를 보면 때로 오드리 헵번이 떠오른다. 그녀가 마음에 담고 있는 스타일 뮤즈 역시 오드리 헵번이다. 그리고 또 다른 뮤즈는 일곱 살과 네 살, 언니의 두 꼬마란다. 연재와 도원, 자신의 두 아이를 인생의 뮤즈로 꼽고 있는 언니의 브랜드는 그래서 더 따뜻하고 예쁘다.

1

ozomuse style

cream color look

194

dress like her

크림 빛 부드러움 즐기기

세상에는 의외로 화이트와 아이보리 컬러를 어려워하는 사람이 많다. 더러움을 타는 색이라는 걱정? 세탁의 번거로움? 뚱뚱해 보일 거라는 부담감? 물론 그런 말들이 맞기는 하다. 그래서 처음엔 다가가기 쉽지 않을 수 있겠지만, 화이트와 아이보리 색상만큼 사람을 깨끗하고 부드러워 보이게 하는 컬러는 없는 것 같다. 입은 이와 보는 사람을 동시에 만족시키는 컬러. 블랙과는 또 다른 의미로 막강하다.

아이보리, 또 아이보리.

언니의 옷장을 구경하기 위해 집으로 찾아갔을 때, 언니가 가장 좋아하면서도 잘 입는 데일리 룩을 꺼내어 모아봤더니 정말이지 거의 모든 옷의 컬러가 아이보리였다. 옷들의 소재는 리넨과 거즈. 지독히 여성스러운 크림 컬러에다 자연스러운 질감이 더해져 그야말로 환상의 조합을 이룬 옷들이다. 게다가 화이트와 아이보리가 만나면 그 느낌은 두 배로 상승된다. 정말이지 크림처럼 부드럽고 달콤하다.

언니의 아동복 브랜드인 [오조 드 파파]의 옷도 그렇지만, 언니 역시도 사랑스럽고 편안한 보헤미안 느낌의 스타일을 좋아한다. 특히나 요즘 푹 빠져 있는 소재는 다름 아닌 오간자와 레이스란다. 리넨이나 거즈 같은 심플한 원단에 여성스러운 원단을 매치하는 매력이 새롭다고.

키가 그리 크지 않은 편이지만 그렇다고 해서 키 작은 여자들의 보편적인 스타일처럼 간결하거나 타이트하게만 입지는 않는다. 패션 모델들의 대표적인 스타일이라고 할 수 있는 오버사이즈 상의에 루스한 스커트나 팬츠를 매치하는데도 실루엣이 여성스러우면서 또 스타일리시하게 보인다. 그 이유? 어쩌면 그것은 100% 리넨과 거즈 소재 덕분일 것이다. 아이보리 리넨 롱 원피스 한 벌을 핸드메이드 목걸이와 팬츠, 올 굵은 스웨터 등과 매치해 사계절 내내 두루두루 소화하는 언니의 감각을 나는 늘 눈여겨보고 있다. 잘 배웠다가 수시로, 언제든, 기회만 되면 써먹을 참이다.

섬세한 프렌치 자수, 피버티 패브릭을 일일이 잘라 만든 태슬, 그리고 제일 사랑하는 아이보리.

봄부터 가을까지 언제나 좋은 옷. 이렇게 입고 빠리 15구에서 만날까?

좋아하는 옷을 만지고 있을 때, 어울리는 액세서리를 고민할 때가 사소하지만 가장 행복한 순간.
참 아끼는 일본 브랜드 **nest Robe**의 원피스!

핸드메이드 터치가 더해진 것, 특히 스티치 디테일이 있는 옷을 좋아한다.
눈에 보이는 대로 집어들어도, 아끼며 오래오래 입게 되어 후회한 적은 한 번도 없다.

패브릭으로만 만든 블랙 컬러 목걸이는 어떤 옷에도 잘 어울려 가장 즐겨 하는 액세서리. 딸아이 연재 것이지만 엄마가 더 자주 하는 편이다.

꼭 만나고 싶은 디자이너 중 한 명이 '에이프릴 샤워'의 디자이너.
빠리 여행 때 6구에 있는 그녀의 숍을 세번이나 들렀지만
문이 닫혀 있어서 못 본게 아직도 아쉽다.

13, rue des Quatre-vents 75006 paris

April showers by polder

LINEN

GAUZE

LACE

AND

OZOMUSE

소녀처럼, 가끔은 그렇게…
누가 뭐라고 해도 좋아!

언니를 처음 만나는 사람들은 비슷한 반응을 보인다.
"정말 여성스러운 분이시네요!"
그러면 자연스럽게 몸을 따라 흐르는 오가닉한 소재
의 옷을 걸치고, 조금은 헝클어진 긴 머리카락을 늘어
뜨린 채 무심히 서 있던 언니가 쑥스럽게 웃는다. 두
아이의 엄마인 여자가 아직도 누구에게나, 어디서나
그토록 여성스러운 이미지를 뿜어내고 있다니! 놀라
운 일이다.
이 책을 만들기 위해 취재를 하고, 촬영을 하고, 원고
를 쓰면서 나는 줄곧 이런 생각을 했다. 세상 모든 여
자들, 그들에게 숨겨져 있는 진짜 속마음을 끄집어내
보고 싶었다. 특히 나이를 먹을수록, 아이가 자랄수록,
몸매가 흐트러질수록 점점 더 포기하게 되는 나만의
'스타일'을 되찾게 하고 싶다는 과한(?) 욕심도 품었다.
그러기 위해서는 편견을 버려야 한다. 아름다운 스타
일을 구경하고, 그것을 나에게 접목해 보는 시도도 필
요하다. '나에게는 어울리지 않아!'라고 섣불리 단정
지을 필요도 없다. 집에서도 혹은 집을 나서는 순간에
도 언제나 나 스스로가 가장 아름다울 수 있는 모습을
찾아내기 위해 애썼으면 좋겠다.
어떻게 차려 입어도 늘 여성스럽다는 말을 듣는 언니
는 어떤 날, 한껏 멋을 내고 깜짝 등장할 때가 있다. 영
락없는 소녀, 딱 그렇다. 특히 블랙 & 화이트의 시크한
조합을 소녀 감성으로 둔갑시킨 스타일을 선보일 때
면 '역시' 하는 생각을 지울 수가 없는 것이다.

가로수길 편집 매장 'LEBO'에서 산 블라우스는 사계절 내내 애용하는 아이템. 크림 컬러와 플라워 모티브 레이스가 만나면 무장 해제되고 만다. 오드리헵번도 즐겨 신었던 발레리나 스타일의 슈즈는 발끝까지 러블리하게 만들어준다.

도쿄 BEAMS에서 구입한 앙고라 니트와 스커트. 니트와 같은 톤의 레페토 재즈 슈즈를 즐겨 신는다.

TASTES OF

ACCESSORIES &

SHOES

222

HANDMADE NECKLACE

나를 늘 놀라게 할 만큼 눈썰미가 대단한 언니는 동대문 원단 시장

이나 부자재 시장 같은 곳에 가면 거의 신 내림의 경지를 드러낸

다. 유럽 브랜드에서 사용하는 액세서리 부자재도 매의 눈으로 캐

치하고, 설령 어느 브랜드에서 쓰였는지 전혀 모르는 상태에서 골

라온 부자재 역시 색다른 오라를 뿜어낸다. 언니 손으로 뚝딱뚝딱

10분 만에 금세 만들어내는 목걸이도 목에 걸면 뭔가가 다르다.

"목에 걸었을 때 가장 예쁜 길이가 따로 있지!"

언니는 잘난 척을 하는 사람이 아니다. 그러니 툭툭 던지는 말을

그때그때 새겨들어야 한다. 왜냐하면 아이템 하나에 집중하지 않

고 늘 전체적인 밸런스와 배치를 생각하면서 바라보기 때문이다.

언니의 스타일링, 그 하나하나가 빛이 나는 것도 바로 그 까닭이

다. 뭐든 잘하는, 열심히 하는 사람에게서는 참 배울 것이 많다.

결혼 6년 만에 분가하면서 가장 갖고 싶었던 작업실. 테이블 위에 하고 싶은 일을 잔뜩 늘어놓았다.

머스터드, 핑크, 아이보리… 좋아하는 컬러들을 매치하는 것만으로도 새로운 영감을 받는다.

CLASSIC SHOES

언니는 다양한 품목의 패션 액세서리를 즐겨 착용하는 편이다. 그중에서도 특히 앞장에서 선보였던 핸드메이드 목걸이와 함께 빼놓을 수 없는 아이템이 있다. 신발이다. 신발의 구성 역시 다양하고 탁월하다.

목걸이? 러블리하게! 슈즈는? 클래식하게!

이것이 아주 분명한 언니의 감각이다. 물론 여기에서 말하는 '클래식하다'는 딱딱한 정장 스타일 같은 것을 말하는 게 아니다. 편안하면서 오래도록 아껴 신을 수 있는 디자인들을 일컫는 말이다. 언제나 거래처로, 공장으로, 혹은 아이들을 챙기느라 바삐 사는 언니는 스타일이 살아 있으면서도 부지런히 걸어 다니기 편한 아이템 위주로 신발을 셀렉한다. 열심히 사는 스타일리시한 엄마의 선택이라고나 할까. 물론 이렇게 칭찬이 늘어지는 이유가 직구하다 사이즈에 실패한 슈즈를 늘 나에게 던져주기 때문만은 결코 아니다!

1

어떻게 신어도 무심한 멋이 나는 스웨이드 레이스업 슈즈.

2

편안하고 멋스러운 글래디에이터 샌들. 토리버치.

3

오랫 동안 아껴 신어 내 발에 제일 잘 맞는 블랙 에나멜 pepe 슈즈.

4

독특한 디자인이 마음에 들어 구입했다. TOKYO.

5

앵클부츠는 믿고 구입하는 이자벨 마랑의 스터드부츠.

6

우아하면서 깜찍한 룩을 마무리하고 싶을 때 신는 레페토.

7

샴페인 골드 컬러는 어떤 색상의 옷에도 다 잘 어울린다. 레페토.

8

가격은 저렴하지만 늘 마음에 드는 디자인을 선보이는 자라.

9

바캉스에 늘 꺼내들게 되는 슬리퍼는 도쿄의 편집매장에서 구입한 것.

10

인터넷 쇼핑몰에서 직구한 샌들. 구두보다는 샌들이 사이즈 미스 확률이 낮다.

11

우아해지고 싶은 날엔 레드 키튼힐.

12

언젠가는 컬러별로 갖추게 될 것 같은, 쓰임새 많은 이자벨 마랑의 디커부츠.

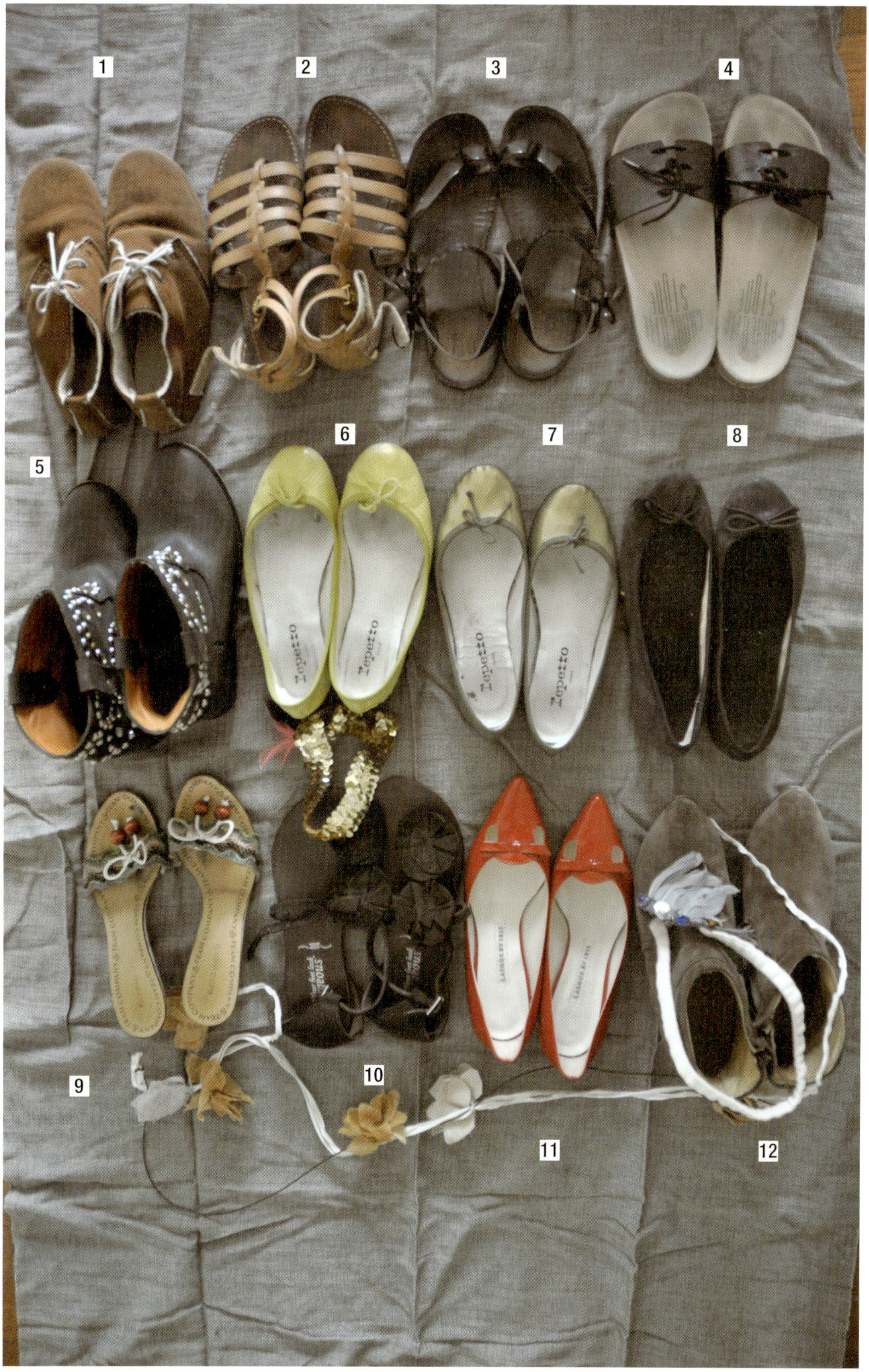

OJO DE PAPA=PAPA'S EYE

언니의 아동복 브랜드인 [오조 드 파파]는 스페인어로 '아빠의 눈'이라는 뜻이다. 첫아이가 태어난 후 평소 키즈 패션에 관심 많던 언니는 아동복 일을 시작한 지 6개월 만에 그녀만의 컬러가 담긴 디자인을 선보였다. 당연히 자신의 두 아이, 연재와 도원이를 뮤즈로 [오조 드 파파]의 옷을 만들어내기 시작한 것이다.

아동복이지만 결코 아동복의 한계에 갇혀 있지 않은, 바로 이것이 언니의 감성 디자인이다. 실제로 [오조 드 파파]의 옷 중에는 당장 겟! 해다가 아이가 아닌 내가 걸치고 싶은 옷들이 한두 가지가 아니다. 당연히 소재는 리넨과 거즈, 순면이다. 색감 역시 크림 컬러를 위주로 자연스럽게 매치할 수 있는 것들이다. 자신의 두 아이를 가장 돋보이게 할 수 있는, 그러면서도 편안하게 입을 수 있는 옷 위주로 디자인되었으니 그야말로 엄마의 마음으로 완성한 디자인임에 분명하다.

232

에이프릴, 메이, 준… 따뜻하고 맑은 봄에 태어난 일곱 살 여자 친구들.

233

솜사탕 가루처럼 달콤한 일곱 살 소녀들을 위해 특별히 디자인한 드레스는 기우가 제일 아끼는 아이템.

그녀만의 '오조 드 파파' 감성이 묻어나는 디자인들. 부드럽고, 시크하고, 사랑스럽다.

2 family & home

ojo de papa work space

최고의 장식품은 아이들의 그림 그리고 옷

디자인을 따로 전공하지는 않았지만, 지금까지 자신의 디자인으로 브랜드를 잘 이끌어 온 언니의 집은 탐나는 감성으로 가득하다. 언젠가 언니의 집에 처음 놀러갔을 때, 진작부터 알고는 있었지만 구석구석 언니의 손길이 닿은 센스에 깜짝 놀랐던 기억이 난다. 특히, 곳곳에 걸려 있는 연재의 그림들. 아이들이 해놓은 낙서 하나도 놓치지 않는 감성이라니!

키즈 갤러리.

이 말이 딱 맞다. 두 아이를 향한 언니의 그 애정 가득한 엄마 시선이 참으로 감동적이었다. 집 안의 모든 방들을 두 꼬마들을 위해 꾸며 놓은 것을 보고 몇 번이나 감탄했으니까. 침실이면 침실, 장난감 방이면 장난감 방… 집을 이루고 있는 모든 자리가 연재와 도원이를 위한 공간이어서 내가 이 집 아이면 어떨까 하는 상상까지 해봤을 정도니까.

게다가 현관을 들어서면 바로 보이는 옷방 겸 언니의 작업실. 심플한 우드 테이블 하나만 놓여 있는 공간이지만 이 테이블 위에서 영감이 가득한 옷들이 만들어진다니! 정말이지 자주 놀러가고픈 로망의 작업실이었다.

부자연스러운 장식 같은 것은 없다. 대신 온통 아이 작품들.

부부와 두 아이가 함께 쉬는 숨. 그 기쁨이 살아 있는 집!

이렇게 자유로운 책상에서 창의력이 발휘되지 않을 리가 없다.

꽃을 좋아하는 언니는 집 안 곳곳에 플라워 모티브를 활용해 장식해 놓았다.

꽃과 어울리는 단짝은 향기! 디퓨저와 향초는 보기만 해도 좋지만 기분 좋은 향기로 공간을 채워준다.

MAMA'S WORK TIME!

디자인 작업은 주로 새벽 한 시에 시작된다. 두 꼬마가 해적 섬과 엘사의 성으로 들어가 깊이 잠들고 집 안 정리를 어느 정도 마친 후의 시간이다. 이때가 바로 엄마가 아닌 디자이너로 탈바꿈하는 시간인 셈이다. 고요하고도 행복한 시간.

[오조 드 파파].

언니의 브랜드는 일반 아동복 브랜드보다 신상 출시 템포가 절반 혹은 그 이상 느리지만, 빠르게 돌아가는 시장의 흐름에 맞추려면 보통 가을/겨울 시즌이 끝날 무렵부터 이듬해 봄/여름 상품을 준비한다. 그러니 제아무리 느린 템포에 안달 나게 하는 브랜드라고 해도 심야 작업은 필수일 수밖에 없다. '엄마'가 일을 하려면 별 수 없다. 잠을 줄이는 수밖에! 널찍한 테이블에 홀로 앉아서 디자인에 몰입하고 있을 언니의 모습은 상상만으로도 아름답다. 두 아이를 돌보고, 살림을 하면서도 얼마든지 자신의 감성을 키우며 살아가고자 하는 소박한 꿈. 그 꿈이 있기 때문일 것이다. 언젠가 아이들이 훌쩍 자라 언니의 품을 떠날 때쯤이면 야금야금, 안달 나게 키워온 그 꿈도 날개를 날개를 달게 되겠지!

brand : ojo de papa

concept : pure, girlish

metarial : gauze, cotton, linen, lace

color : beige, blue, yellow

{   ozomuse   the end   }

252

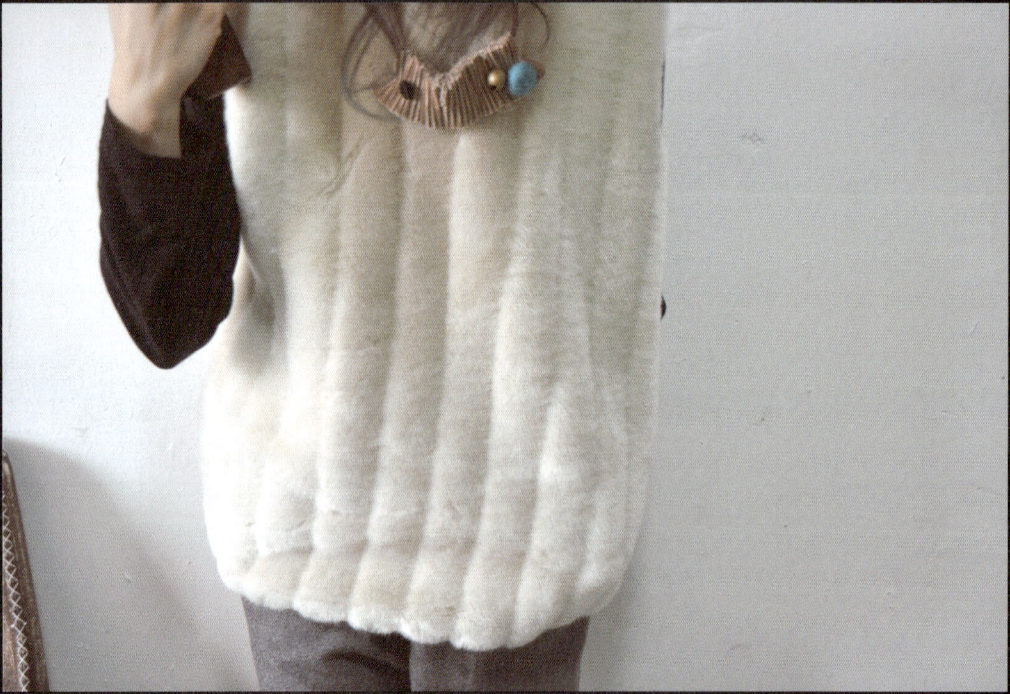

envy

mom & writer

age : 39

mom of : 7 & 5 years old boys

height : 161cm

favorite city : London

daily uniform : wide pants, black leggings,

fedora hat, linen scarf

fashion favorites : vanessa bruno, margaret howell,

project foce singleseason

kids brand & shop : boy+girl, bonton, cucu lab,

bebeetmaman, babybubble

ultimate muse : sienna miller

[envy]

다정하게 시크한… 보헤미안 같아!

loose and boxy
Sienna Miller

시에나 밀러

영화 [알피]에 주드 로의 여자친구가 나온다고 해서 어디 한번 보자 했었다. 그런데 우리가 처음 만난 그 여자, 시에나 밀러의 첫 존재감은 그토록 흠모하는 주드 로를 살짝 잊히게 할 정도로 충분히 매력적이었다. 원래 여자들은 예쁜 여자들을 더 좋아하는 법이니까. 살짝 태닝해서 건강해 보이는 브론즈 컬러 피부에 영국 여자 치고는 그리 크지 않은 키와 긴 블론드 헤어 그리고 웃으면 살짝 드러나는 장난기까지도 모두 매혹적이었다. 좋아하던 주드 로지만 여자친구 한번 잘 골랐네, 싶었고 그 뒤로 시에나 밀러가 등장하는 파파라치 컷은 유심히 다 보았던 것 같다.

2년 전, 어느 날 런던.

그곳에 갔을 때 프랑스 엄마들과는 또 다른 런던 엄마들의 스타일에 다시 한 번 시에나 밀러가 떠올랐다. 화장기 없는 얼굴, 자연스럽게 헝클어진 머리, 무채색의 자연스러운 시크함을 추구하는 프렌치 마망들과는 정말 달랐다. 런던 엄마들은 아직 젖꼭지를 물고 있는 아기를 유모차에 태우고서도 9~10cm는 족히 되어 보이는 힐에 펄이 들어간 아이섀도, 볼터치까지 완벽하게 메이크업하고 몸에 딱 달라붙는 옷을 입은 또 다른 시에나 밀러들이었다. 아들 셋을 거느린 빅토리아 베컴이 막내 딸 하퍼를 마치 클러치처럼 끼고 다니면서도 딱 달라붙는 미니 저지 원피스에 스틸레토 힐을 신는 것처럼 말이다. 그뿐일까. 케이트 미들턴이 둘째 공주를 낳고 10시간 만에 병원 문을 나서면서 언제 아이를 낳았냐는 듯 단정한 투피스 차림에 힐을 신고도 매우 자연스러웠던 것처럼!

런던 여자들은 빠리지엔들과는 확실히 달랐다.

시에나 밀러는 언뜻 보면 뉴욕 출신인지 런던 출신인지 단박에 알 수 없다. 하지만 오트쿠튀르 드레스에 가죽 재킷을 걸치고, 살짝 흐트러지긴 했지만 약간 의도한 듯한 헝클어진 금발 머리로 하이와 로의 경계를 오갈 줄 아는 그녀는 타고난 감각의 런던 걸이 분명하다.

envy style

as a londoner

1

labour and wait. 여섯 살 태윤이와 런던 갔을 때 구입한 [레이버 앤 웨이트]
의 코튼 백. 마켓에 들어갔다가 여행자의 신분을 망각하고 덜컥 샀다는 라벤
더 꽃다발에서는 아직 런던 향기의 여운이 남아 있는 것 같다.

261

dress like her

프렌치하게? 아니, 런던 여자처럼!

두 아들을 키우면서도 얼마든지 스타일리시하게!

개구쟁이 아들 둘을 데리고 거의 매일 미술관이나 카페로 외출을 하는 언니는 깡마르고 날씬한 프렌치 마망 같은 몸매에 편하면서도 스타일리시한 룩을 즐긴다.

'국민 운동화'가 되어 버린, 벤시몽은 기본.

그리고 꽃가게에 갈 때마다 들르는 단골 숍에서 산, 굽이 없고 심플한 디자인의 가죽 단화나 에코백을 매치한다. 언니의 스타일 뮤즈가 누구냐고 물어봤을 때, 시에나 밀러라는 대답을 듣고부터는 언니에게서 묘한 런던의 향기를 맡았던 기억이 있다. 그리고 보니 여섯 살 태윤이와 단둘이 떠났던 런던과 빠리 여행, 그 사진 속에 담긴 언니의 모습도 그랬다. 언뜻 보기에는 아들을 돌보는 엄마의 스타일 정도로 느낄 수도 있겠지만 내 눈에는 페도라와 재킷 그리고 런던의 마켓에서 구입한 에코백 하나만으로도 언니의 그 탁월한 시그니처 스타일이 고스란히 눈에 들어왔으니까. 더구나 늘 재미있게 말을 하는 언니처럼 밝고 편안한 느낌이 더해지고, 아들 둘의 엄마만이 가진 터프함이 곁들여져 이 언니는 정말, 과연, 놀랍게도 멋스럽다.

266 { ? }

MAMA'S

TRAVEL

STYLING

무심한 듯, 신경 쓰지 않은 듯, 아무렇지도 않다는 듯!

그러나 알고 보면 디테일한 스타일링이 엿보이는 솜씨라니!

크고 작은 일상의 여행을 위하여!

언니는 도대체 가만히 집에 머물러 있는 법이 없다. 일상이 온통 크고 작은 여행으로 채워져 있는 것이다. 사실 아이와 함께 길을 나설 때 복잡한 건 금물이다. 그래도 끌리는 물건을 만나면 욕심이 앞선다. 에세이 대신 여행 책을 가방 속에 늘 가지고 다니는 언니는 어디를 가건 꼭 여행자처럼 꾸며 입은 듯 풀어진 듯 멋스럽다. 그 스타일링의 포인트는 액세서리에 있는데 만날 때마다 어디에서 샀는지 궁금하게 만들곤 한다.

에코백과 클러치, 페도라, 목걸이.

언니의 아이템들이 나를 홀린다. 감성이란 역시 제대로 길들인 고수의 칼처럼 어디에 숨겨도 티가 나는 법이다. 머리에서 발끝까지 온통 블랙으로 차려입어도 상갓집에 온 분위기가 아닌 이유는 바로 그 액세서리들의 놀라운 매치에 있다. 어느 옷에나 편안하게 등장하는 페도라와 손목에 감긴 볼드한 팔찌들. 그 존재감은 상상을 초월한다. 특히 블랙은 언제 어느 때나 만만하게 소화할 수 있지만 그것을 조금 더 업그레이드 시키려면 고감도의 센스를 발휘해야 한다는 사실을 언니를 보며 느낀다. 가방과 신발만큼은 과감하게! 전혀 무난하지 않게! 비일상적인 디자인을 골라내어 일상적으로 마음껏 즐기는 그 드라마틱한 감각이라니… 나도 좀 제대로 배우고 싶다.

마음이 한결같이 끌리는 건, 디자인이 특별한 예쁜 패키지들! 이런 거 보면 낯선 곳이 아니어도 길을 잃는다.

경리단 길을 갔던 날. 캐주얼한 데님 재킷 아래로 여성스러운 액세서리를 한껏 매달았다.

'마이알레'에서 열렸던 '헤이마켓'에서 구입한 하나밖에 없는 핑크 컬러 니트 클러치.

가장 즐겨 드는 액세서리는 바로 꽃! 작약이 만발하는 시즌에는 잊지 않고 꽃시장 나들이를 한다.

계절감 때문에 망설일 필요는 없다
타인의 시선에 묶일 필요도 없다

옷을 즐기지 않는 사람들은 사실, 모자 하나를 쓰는 데도 굉장한 용기가 필요하다고 말한다. 그 말이 맞다. 선글라스도, 모자도, 신발도, 가방도… 몸에 배지 않으면 자유롭게 매치하기 어려운 게 사실이다. 문제는 타인의 시선을 의식하기 때문이다. 남들이 어떻게 볼까, 고민하느라 나의 취향을 찾고 또 취하는 일이 어렵게 느껴지는 것이다. 게다가 스스로의 스타일에 대한 고민 없이 남의 흉내를 냈다가는 정말이지 우스꽝스러운 자태를 만들기 쉬우니… 엄마들의 스타일이란 대체로 '거기서 거기'가 되고 마는 것이다. 엄마들은 모두 공감할걸!
그래, 남의 눈치 보지 말기.
언니의 스타일이 무난한 듯 결코 무난하지 않은 데는 창의적인 패션 액세서리 활용법이 한몫을 한다. 구두, 가방, 목걸이와 팔찌, 모자… 그 어떤 것을 착용하는 데 있어서도 주저하지 않고 스스로의 대담한 취향을 마음껏 발산시킨다. 예를 들면 이런 것. 계절감에 묶이거나 구태의연한 색상 조합에도 얽매이지 않는다. 두툼한 스웨터에 한여름 슈즈를 매치하고도 당당하다. 옷장 속에 정리되어 있는 언니의 소품들을 꺼내놓고 보니 다시 한 번 인정! 역시 언니는 고수다.

누가 리넨 백을 여름에만 들어야 된다고 했을까?

두툼한 스웨터에 이토록 컬러풀한 리넨 빅 백이라니!

아들 옷 입히기에 관심 많은 언니는 특히 겨울 스타일링을 잘한다.

컬러가 화려하지 않은데도, 톤만으로도 따라 입히고 싶은 코디를 잘하는 아들 둘의 엄마.

볼수록 매력 있다.

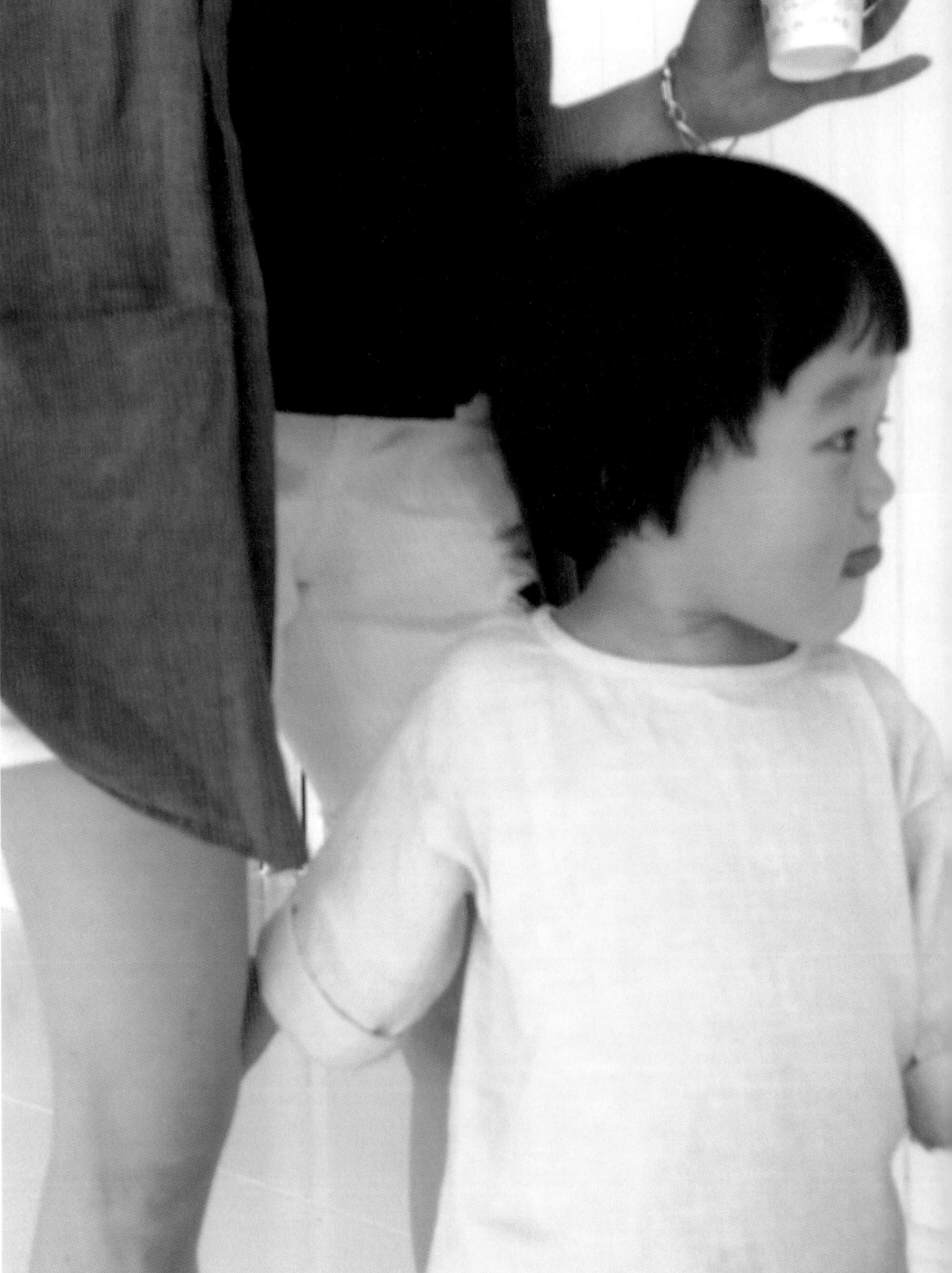

288

하얗고 뽀얀 얼굴 때문에 '보들이'라는
닉네임을 가진 언니네 둘째 꼬마.
딸이기를 바랐기 때문인지
연한 핑크색 옷을 입히는 날엔
딸이냐는 질문 공세에 시달린다.

2

home by envy

kids hot place

그림 그리기를 제일 좋아하는 첫째 태윤이를 위해 거실 한켠에는 늘 컬러풀한 색칠 도구들을 마련해 둔다.
태윤이 마음속에도 반짝이는 별들이 가득하길 바라며.

엄마에 의한, 엄마가 만든 아이들의 집

언니에게도 분명 '미스 H'의 시간이 존재했겠지만 내가 아는 언니는 태윤이와 찬율이, 두 명의 엄마, 그 자체다. 더 이상의 모습 같은 것은 떠올릴 수 없을 만큼! 두 아들의 엄마이면서 아들 둘을 다루는데 사자후의 목소리나 복화술 같은 것을 한 번도 써본 적이 없다는 점도 놀라울 정도다.

사실 언니는 아들만 키우는 엄마지만 딸을 키우는 나보다도 훨씬 더 아기자기하고 소녀 같을 때가 있다. 언니가 살고 있는 공간을 보면 그 느낌이 어떤 건지 한눈에 알 수 있다. 현관문을 열고 들어설 때부터 보이는 귀여운 소품들, 거실 벽에서 오종종한 모습으로 인사를 하고 있는 북유럽 토끼 헤드, 럭키보이선데이의 니트 인형들 그리고 거실 한쪽 나지막한 아트 데스크 위의 색연필들…. 로봇과 장난감 칼, 자동차만으로 가득할 것 같은 남자아이 둘의 집이 아닌, 프랑스의 다섯 살 꼬마 여자아이가 혼자 지내고 있을 것 같은 그런 공간이다.

거실부터 큰아이 태윤이의 방까지 구석구석 어디를 돌아봐도 아이들의 흔적들로 가득하다. 그 자체로 공간에 따뜻하고 사랑스러운 아우라를 만들어서 누구라도 반할 수밖에 없는 느낌이었다. 거실 책장에 꽂혀 있는 책들도 한 권 한 권 언니가 그림과 내용을 꼼꼼히 보고 골라서인지 그림책 그 자체로 데코가 되고, 그림 그리기를 좋아하는 태윤이의 드로잉들도 하나의 오브제가 되어 훌륭한 인테리어 소품 역할을 한다.

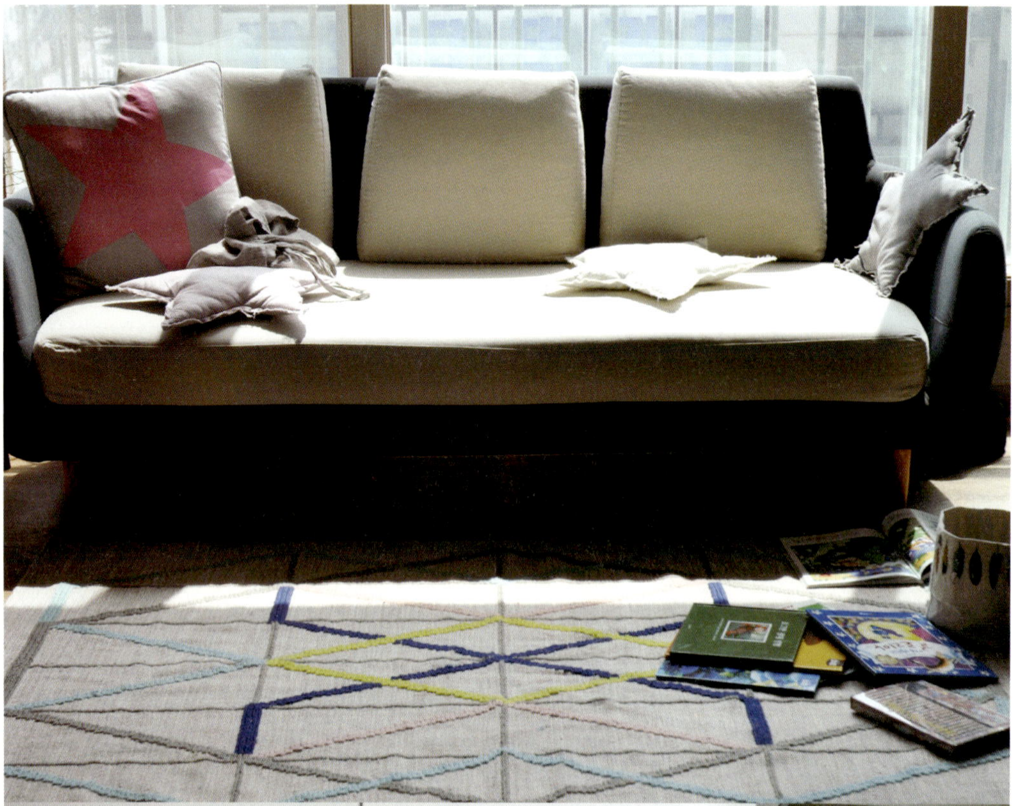

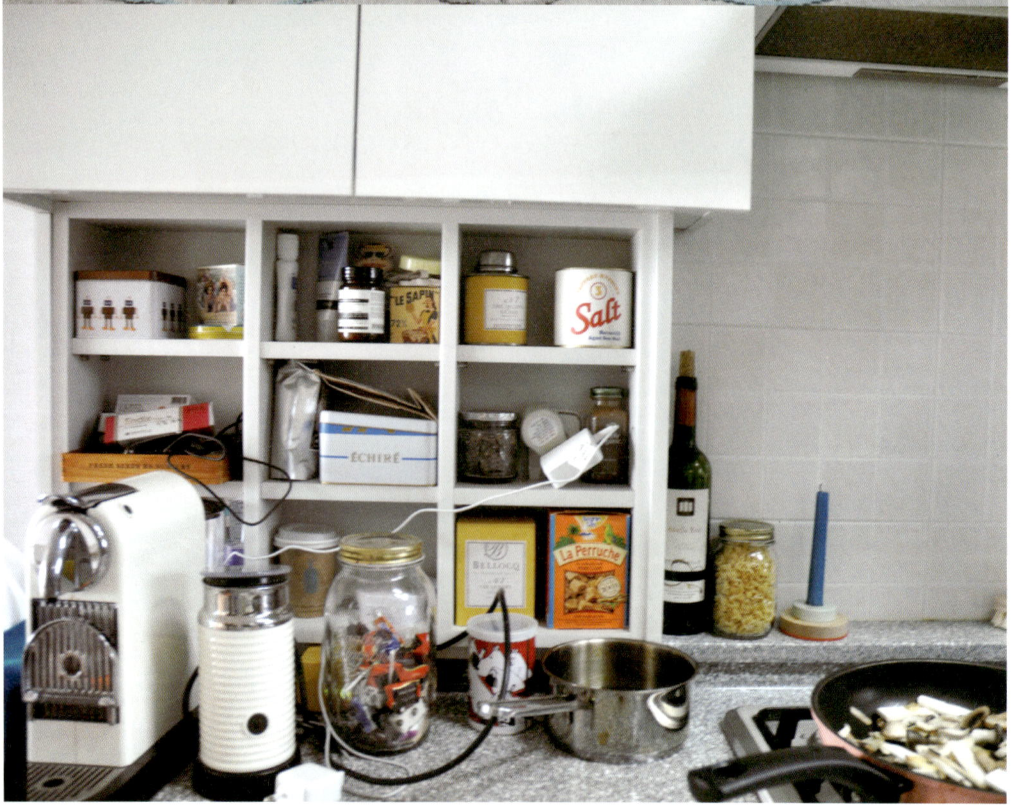
Salt
ÉCHIRÉ
La Perruche
BELLOCQ

온화한 볕이 드는 태브로네 집, 그 정다움

집 안 곳곳에서는 언니와 두 아이들이 만들어내는 따뜻한 공기가 느껴진다. 하지만 온전히 언니만의 공간이라 할 수 있는 곳도 있다.

언니의 부엌.

그곳에서는 언니의 내면을 조금 더 깊숙이 들여다볼 수 있다. 태윤이와 둘이 떠났던 빠리 여행에서 구입해 온 [아스티에 드 빌라트]의 찻잔 세트, 도쿄 여행에서 데려온 [이호시 유미코]의 접시들, 오래전부터 좋아했던 [화소반]의 도자기들, [김선미 그릇]과 [김석빈 도자기] 같은 것들. 모든 것이 주인을 닮았다. 화학 시간의 N_2, H_2, C_2H_4만큼 나에게는 낯설고 생소한 이름들이지만 언니의 부엌에서는 이 모든 살림살이들이 살아서 서로 함께 어울리며 말을 걸어오는 것 같다. 만든 사람의 온기가 담긴 그릇들이 진짜 살아 움직이는 듯한 느낌이라고 할까.

아이들, 특히 아들 둘을 키우는 집이면 깨지지 않는 플라스틱 용기나 멜라민 식기를 써야 할 것만 같았는데, 이렇게 매일 세탁해서 잘 다려진 리넨 테이블 매트에 도자기 그릇의 세팅이 가능하다는 걸 처음으로 알게 해준 기적의 테이블을 만난 셈이다.

PARKING

ALL OTHERS WILL BE TOWED

GOOD

MORNING

TABLE

맛있어! 태브로네 조식 구경

좋아하는 영화 [줄리 앤 줄리아] 속에는 두 명의 귀여운 여인이 등장한다. 전설의 프렌치 퀴진 셰프인 빠리의 줄리아와 줄리아를 흠모하는 요리 블로거 줄리. 서로 다른 시간, 빠리와 뉴욕이라는 서로 다른 공간 속에 사는 두 주인공은 프렌치 요리라는 공통 텍스트 속에서 묘하게 겹쳐지는데 한국에 살고 있는 이 언니가 나에게는 그 둘의 이미지 속에 자연스럽게 오버랩 되었다. 일곱 살의 태윤이가 20개월쯤 되었을 때 처음 알게 된 언니는 귀여운 블로그 닉네임을 가진 아기 엄마였다. 그런 언니가 인스타그램을 시작하면서는 수년을 알고 지내면서도 몰랐던 언니의 새로운 면을 보게 되었다. 그중에서 가장 놀라웠던 것은 역시 '태브로네 조식'이었다. 매일 아침, 브런치 카페에 온 것 같은 포스로 차려진 그녀의 식탁이라니! 최근에는 [태브로네 집]이라는 책까지 출간했을 정도다.

단호박수프

참치샌드위치

아스파라거스구이

아보카도베이컨롤

무민팬케이크

그리고 무궁무진한 환상의 조식들을 어떡하지?

채소도, 과일도, 식빵 한 조각도 동화 속 한 페이지가 되는 테이블.

카페 하나 차리면 어때? 내가 매일매일 갈게.

셔틀버스가 도착하기 10분 전, 자는 꼬마에게 겨우겨우 옷을 입히고 눈곱만 떼서 버스에 태우기가 일쑤인 나에게 카페 식사 같은 '태브로네 조식'은 스톡홀름에 사는 요한센네만큼이나 신선했다. 지금도 여전히 인기인 이 조식은 나뿐만 아니라, 수많은 엄마들의 로망이다. 매일매일 태윤이와 찬율이, 두 브라더를 위해 아침을 준비하는 언니의 모습은 정말 이상적이라서 한번은 언니와 같이 강원도 여행을 떠났을 때, 내 앞에서 똑같이 차려보라는 짓궂은 요구를 한 적도 있었다. 나에게는 결혼 생활 8년 동안 "제일 어려웠어요!" 했던 아침 테이블이 근사하게 차려지는 동안 언니는 뭘 먹고 지낼까? 생각했었다. 그도 그럴 것이 놀랍게도 날씬한 몸매를 가졌으니까. 매일 테이블이 꽉 차게 차려 먹는데 그게 가능할까 했더니, 언니네 테이블에는 유독 아이들이 잘 안 먹는다는 빨강, 초록, 노랑, 보라, 자주색의 채소들과 과일들이 많이 올라온다는 비밀이 숨어 있었다. 레스토랑에나 가야 먹을 것만 같은 아스파라거스가 콩나물무침만큼이나 자주 올라오는 식탁이 그리 흔하겠는가.

언니네 식탁.

1년 365일, 그런 아침 테이블이 가능한 것은 가족들을 위한 식사를 준비하기 위해 누구보다 일찍 일어나 하루를 시작하는 언니의 부지런함이 아마 그 비결이 아닐까.

{ envy

the end   }

c'est finis

around 30's
LUCKY DAYS & LIFE

엄마의 꿈은 그래요

빠리로, 런던으로, 밀라노로…

아이와 함께
떠나고 싶은 거죠!

어느 날, 꼬마들과 1박 2일 도쿄 여행을 갔다.
어린아이들을 데리고
그것도 달랑 하룻밤 자고 오는 여행이라니.
아이들과의 여행에서 우리 엄마들은 늘 분주하다.
중간 중간 간식을 챙겨야 하고,
풀어진 단추도 잠가주어야 하고,
징징 우는 소리도 들어주어야 한다.
도쿄 반짝 여행에서도 그랬던 것 같다.
그럼에도 끊임없이 여행의 추억을 담으려고
핸드폰으로, 카메라로 열심히 그 순간들을 찍고
또 수없이 다시보기를 하면서 나는 또 '다음'을 꿈꾸게 된다.
언젠가는 꼬마들 없이 우리들만의 여행도 가보자는,
어쩌면 좀 사치스러운 속내도 이야기하면서
미친 듯이 웃었던 그 어느 날의 작은 여행.
여섯 살 꼬마들의 기억 속에 도쿄는 또 어떤 모습일까.
엄마들의 시선이 단 한순간도 빠짐없이
자기들을 향해 있었다는 걸, 알까.

1박짜리 토막 여행이든,

1년 전부터 티켓 끊어두고 설레든

여행은 그저,

무조건, 매혹적이다!

나는 1년에 단 한 번의 바캉스, 다시 말해 1년 전부터 치밀하게 준비해서 멀리 떠나는 여행을 제일 좋아한다. 조금씩 범인의 단서가 드러나면서 서서히 그 존재가 노출되는, 구성이 촘촘하고 치밀하게 쓴 추리소설의 각본 같은 여행 말이다. 여름에 다녀오는 열흘 남짓의 그 바캉스를 위해 1년을 산다고 해도 과언이 아닐 만큼! 그래서 기나긴 겨울, 때론 지겹기까지 한 추위가 영영 끝나지 않을 것 같은 그때부터 서둘러 준비를 시작한다. 각종 비행사 사이트에 나오는 특가 항공권을 뒤지는 거다.

남편과 둘이서 네 번도 더 갔던 이탈리아. 이번에는 아이와 함께하기 위해서 직항을 이용해야 했는데, 루프트한자, 에어프랑스, 브리티시에어라인의 홈페이지에서 티켓을 구입하는 게 제일 낫다는 누군가의 얘기에 솔깃해 나도 루프트한자를 이용했다. 주 방문 국가의 국적 항공기를 이용하면 아무래도 우대 혜택도 많다.

티켓을 예약했다면 이번에는 어디서 묵을 것인가를 치열하게 고민한다. 디자인 호텔도 좋지만, 유럽은 아직 매끈한 디자인 호텔보다 낡은 건물들이 넘쳐난다. 사진보다 실물이 더 올드한 곳이 많아서 이번에는 꼭 도전해 보고 싶었던 에어비앤비를 이용했다. 특히 빠리는 요즘 에어비앤비 때문에 호텔 업계가 울상이라고 할 정도로 수만 가지 스타일의 프렌치 홈이 우리를 기다리고 있었다. 아이와 함께라도 두렵지 않았다.

처음 비행기를 태우던 다섯 살, 런던행 때만 해도 설렘보다 걱정이 20% 정도 더 앞섰던 것 같다. 한창 자기가 좋아하는 음식만 고집하고, 잘 때는 꼭 어떤 베개가 있어야 하고, 오후 2시에는 어떤 간식을 먹어야 하고… 이렇게 원칙이 많은 아이였으니까. 그런 걸 알면서도 느긋한 성격 탓인지 아무것도 안 챙겨갔던 엄마=나! 아이들은 상황이 바뀌면 그걸 기가 막히게 알아차리고 다 알아서 적응한다는 걸 첫 번째 여행에서 배웠다.

생후 6개월도 채 안 된 듯한 아기를 데리고, 베네치아의 바닷바람을 맞혀가며 덜컹거리는 배 위로 올라서는 엄마. 9살, 5살, 2살쯤 되어 보이는 아이 셋을 혼자 데리고 여행하는 엄마. 그래도 쏘 쿨! 세상에는 용감한 엄마가 참 많았다. 쿨한 애티튜드만 갖춘다면, 여행의 순간을 즐기겠다는 마음만 있으면 그곳이 어디든 아이와 함께 즐거운 여행을 보낼 수 있다.

대신, 엄마가 보고 싶은 곳을 가야 할 때는 다녀와서, 혹은 가기 전부터, 아이에게 꼭 그에 상응하는 보상을 해주어야 여행이 즐겁다. 런던에서는 리젠트 스트리트에 있던 장난감 백화점 햄리스(Hamleys). 빠리에서는 호텔 바로 앞에 있던 BVH백화점 5층의 키즈 코너. 도쿄에서는 함께 갔던 친구들과 지하철 표 넣고 빼는 것만으로도 깔깔깔. 피렌체와 베니스에서는 새를 먹이느라고 즐거웠다. 버드피딩클럽(Bird Feeding Club)까지 만들고 싶어 했으니까.

여러 나라를 다녀본 아이는 최근에 다녀온 이탈리아가 최고라고 했다. 사람들이 친절해서 좋단다. 내가 봐도 조금은 심할 정도로 이탈리아 사람들이 기우에게 많이 웃어주고, 식당에서는 빵도 산더미처럼 쌓아서 계속 리필해 주고, 공항에서 만난 경찰 아저씨도 계속 찡긋거리며 윙크하기 바빴었지. 그러니 좋지 않을 수가!기회가 된다면, 여유를 낼 수 있다면, 어린 아이와의 여행을 계획해 보라고 권하고 싶다. 아이가 어려서 못 간다는 핑계는 그만. 엄마가 용기를 내면 아이는 엄청난 기쁨을 누릴 수 있게 될 테니까.

그나저나 우리 또 언제 가지?

이탈리아에서 돌아오기 무섭게 다시 또 떠나고 싶은 것을 보니 아무래도 병이 깊은가 싶다.

엄마인 여자의 꿈은 그래요

언젠가, 언젠가는…

나도 빠리지엔처럼

나만의 멋을 가진 여자로
깊어가고 싶은 거죠!

옷 입고, 신발 신고, 목걸이를 하고!
가방 사고, 팔찌 사고, 모자 사고!
그런 얘기로 책을 묶으면서 끊임없이 갈등했다.
이런 얘기를 책에다 써도 되나, 고민했다.
하지만 알 것 같았다.
엄마들은 누구나 내가 하고 싶은
진짜 이야기를 들어줄 거라는 생각이 들었다.
무엇을 어떻게 입느냐도 중요하지만,
나를 사랑하는 일을 포기하지 말라는 뜻이라는 것을.
그 마음을 이해해 줄 것만 같았다.
스타일이란 단순히 패션에만 머물러 있는 게 아니라,
일상의 모든 시간에 스며든다는 것.
그 말이 하고 싶었다는 사실까지도!

책을 덮고 돌아누울 시간이 되었다.
두렵다.
하지만 용기 내어 시작한 일이니 후회는 없다.

이제는 그저,
사랑하는 내 아이, 내 가족들과
내일은 또 얼마나 행복한 일을 하면서 살 것인지
그 생각에 잠겨들 시간이다.

모두모두 안녕. 행복하기를요!

[2015년 늦은 가을, 허수영 씀]

알로? 빠리지엔!

초판 1쇄 발행 2015년 11월 20일

사진 · 글 ㅣ 허수영
펴낸이 ㅣ 김우연, 계명훈
기획 · 진행 ㅣ fbook
               김수경, 김연, 배수은, 박혜숙, 김진경, 최윤정
마케팅 ㅣ 함송이
경영지원 ㅣ 이보혜
디자인 ㅣ design group ALL(02-776-9862)
교정 ㅣ 김혜정
인쇄 ㅣ 애드플러스
펴낸 곳 ㅣ for book 서울시 마포구 공덕동 105-219 정화빌딩 3층
         02-753-2700(판매) 02-335-3012(편집)
출판 등록 ㅣ 2005년 8월 5일 제 2-4209호

값 15,000원
ISBN 979-11-5900-004-1　　13590